CPM공정관리

CPM Network Scheduling

배 강 희 저

기 문 당

머 리 말

최신 건설공정관리기법이라고 일컫는 CPM을 Project Manager가 기피하고, 대규모 건설공사의 공정관리를 아직까지도 기피하며, 대규모 건설공사의 공정관리를 Computer 적용관리가 결여된 Bar chart 기법을 아직도 사용하고 있음은 다음과 같은 요인에서 기인한다고 본다.

① CPM의 "Network구성" 그 자체를 복잡하고 어렵게 생각하여 기피한다는 점

② 공사진도상 계획 차질의 빈번도에 따른 CPM Network 재작성을 하기 싫어한다는 점

③ Computer 적용에 따른 제반 문제점 등이다.

본 서는 건설실무자들의 입문서로, CPM Network 작성은 물론, 실무 적용에도 크게 도움이 되리라 생각되며, 특히 CPM에 관한 공부를 하고자 하는 학생들은 본서를 이해하고 나면 기술사 및 건축기사 자격시험에 대비함은 물론 실무에 적용하기가 매우 용이하리라 믿는다.

저 자

차 례

제 1 장

서 론

1 1 네트워크 분석 시스템(Network Analysis System)

건설공사에서 공사관리를 하기 위하여 일차적으로 합리적인 공정계획 수립이 필수적이다. 종래에 주로 사용되어온 공정계획기법으로는 bar chart가 있으며, 아직도 소규모 건축공사에는 이를 효율적으로 이용하고 있다. 그러나 대규모 건축공사의 공정관리를 bar chart로 관리하기에는 수시로 변경되는 공정업무에 대처하기가 어렵다.

건설 산업 분야는 예측하기 어려운 불확실한 요소와 제 문제점 등을 안고 있어서 공정계획 시 이를 고려하지 않으면 모순성이 많은 공정계획이 수립되고 만다. 혹자는 컴퓨터에 의하여 수시로 계획수정을 하면 되지 않느냐고 반론을 제기하는 자가 있으나 이는 올바른 생각이라고 할 수 없다. 그러므로 공정계획 당시부터 반영할 수 있는 내용은 모두 반영시켜야만 한다. 다시 말하면 합리적인 프로젝트 관리를 위해 해당 프로젝트에 대한 과학적인 모든 데이터를 수집 · 분석하여 이를 반영함으로써 효율적으로 관리할 수 있도록 철저히 대비할 필요가 있다.

따라서 오늘날 모든 면에서 능률적으로 대처할 수 있는 컴퓨터 활용을 건설공정계획 및 관리 시에도 이를 도입 적용코자 네트워크 분석시스템(NAS)이 개발되었다. NAS란 프로젝트의 모든 작업과정을 분석 계획함에 있어서 이를 network기법으로서 공사관리를 수행할 수 있도록 고안된 시스템이다. network기법 중 특히 Critical Path Method(CPM)는 건설공사의 계획 및 관리를 위해 개발된 기법 중 하나이다.

1 2 CPM & PERT의 역사

CPM은 1956년 E.I. du Pont사가 회사의 Engineering 경영의 새로운 수단으로 UNIVAC computer를 이용하게 된데서 유래되었다.

이 회사의 engineering service부의 Morgan R. Walker와 Remington Rand회사의 James E. Kelly가 1957년 3월에 CPS(Critical Path Scheduling)을 창안하고 같은 해 9월에 du Pont사의 소규모 사업에 적용하여 그 효과를 확인하게 되었다. 그 내용은 신제품 생산에 대하여 조사 연구에서부터 생산완료에 이르기까지 소요시간과 비용 증가에 관한 연구분석을 하였다.

이에 힘입어 1957년 12월 1,000만 달러 규모의 화학공장 신축공사가 추진될 때 회사 내 기술자 6명을 선정하여 40시간의 CPM 교육을 시킨 후 이를 적용하여 보았다. 물론 성과를 비교 분석하기 위하여 종전의 방법도 같이 병행하였으며, 적용 결과 CPM기법이 기대치 이상으로 큰 성과가 있는 기법이라는 것이 실증된 바 있다.

이러한 실험성과를 거둔 du Pont사는 전면적으로 CPM기법을 확대 적용키로 결정하였으며, CPM기법을 채택한 처음 1년 간의 비용절감액은 100만 달러에 달하였다고 한다. 이와 같은 성과에 자극을 받아 미국 내의 건설업계는 CPM기법을 집중적으로 사용하기 시작하였다. 현재는 대규모 건설공사의 입찰조건 및 계약조건에 CPM기법을 사용하도록 명시하고 있는 사례가 많다.

PERT는 1958년 9월에 제1회 발사한 Polaris 미사일 개발 시 적용한 결과 새로운 관리기법으로서의 실용적 가치를 인정받아 1958년 10월에 Polaris 잠수함 건조 계획 시에 이를 적용키로 하였으며, 1962년 1월에 Polaris 잠수함 전조계획은 당초 계획보다 2년 단축하는데 성공하였으며, 이로써 PERT의 가치를 널리 인정받게 되고 1962년 봄부터 미국정부의 중요한 신규 사업은 전부 PERT기법을 사용하게 되었다.

또한 민간기업체에서도 회사 내 신규 사업 추진에 PERT기법을 활용하기 시작하였으며, 특히 이러한 활용은 General Electric사 및 Rockeed사가 선두 역할을 하였다. 또한 미국 내 교육기관에서도 1961년부터 PERT기법을 교육하기 시작하였고, 미공군에서도 거의 같은 시기에 PERT와 비슷한 관리기법 PEP(Program Evaluation Procedure)를 연구하였으나 1962년에 PERT로 통일되었다.

1 3 공정관리의 목적 및 기대치

건설공사의 관리체계는 공사 일정관리 및 원가관리를 주제로 하고 있다. 특히 강조되는 중요한 작업관리상의 업무로는 일정관리와 원가관리를 단일 체계화 시도에 키포인트가 있으며, 공사관리는 부정연한 직감으로 작업관리함을 배제하고 과학적이고 합리적인 CPM네트워크기법으로 공정관리와 원가관리에 관한 표준적 체계를 확립함에 목적이 있다.

따라서 CPM기법으로 공정관리를 하게 되면 다음과 같은 기대치를 얻을 수 있다.

① 전체 공사를 준공하는 데 필요한 적정공기를 예측할 수 있다.
② 공사기간 내 공사준공을 위한 촉진시공에서 절대 필수 공정을 중점적으로 관리할 수 있다.
③ 공기단축 및 공기 연장계획에 지침을 제공한다.
④ 공사비 소요자금계획 수립 및 공사비 관리(construction cost control)가 용이하다.
⑤ 자원관리-자재관리, 인력관리, 장비관리-에 편리하다.
⑥ 공사 진도관리(construction progress check)가 용이하다.
⑦ 공사 기성관리(construction payment control)에 편리하다.
⑧ 자재 발주 및 반입 시기(procurement schedule) 관리를 중점적으로 할 수 있다.
⑨ 공정계획 수립 차질에 따른 누락공종 및 설계변경에 따른 신규공종 삽입이 용이하다.
⑩ 하도자 관리 및 계약업무 관리를 적절한 시기에 맞추어 이행할 수 있다.
⑪ 차질 공정에 대한 수정공정(updating schedule)을 수시로 할 수 있다.
⑫ 프로젝트 관리자(project manager)에게 특기사항 및 사전 체크에 지침을 준다.
⑬ 대내 · 외 관계 업무를 사전에 체크할 수 있어 사전 대비책에 지침이 된다.

1 4 컴퓨터 출력자료 종류 및 내용

해당 프로젝트의 공정계획 수립을 CPM Network기법으로 작성하고, 이를 컴퓨터에 자료입력 후, 출력자료로서 공정관리업무를 할 수 있는 report의 종류는 다음의 표 1.1과 같다.

표 1.1 건설공정관리용 컴퓨터 출력자료 및 내용

No.	Report 종류	내 용
1	Activity Cost Report	• 각 Activity에 대해 견적액(Estimate Cost), 실행예산(Budget), 현싯가액(Current Cost), 실행액(Actual Cost), 기성액(Work Done Value), 잔여예상액(Estimated to Complete Cost), ES, EF의 내용이 출력된다. 이때 현싯가액 $= \sum_{i=1}^{\delta}(Q'ty(Res) \times Ratio)i + Extra\ Cost$ 기성액 $=$ 견적액 $\times$ W.D Percentage 잔여예상액 $=$ 실행예산 $\times \dfrac{(100 - W.D\ Percentage)}{100}$ 단, 잔여예상액 계산시 실행예산이 입력되어 있지 않으면 현싯가, 견적가 순으로 택한다.
2	Activity Resource Requirement Report	• 각 Activity의 자원 및 물량, 기타 금액(Extra Cost), ES, EF의 내용이 출력된다.
3	Bar-Graph Report	• 각 Activity의 일정을 도식화하여 출력한다.
4	Cost Status / Cumulative Report	• 일정한 시간단위로 필요한 공사비와 이를 합산한 공사비를 도식화하여 출력한다.
5	Critical Path Activity Report	• 주공정(Critical Path)상에 있는 Activity들의 ES, EF, LS, LF, TF, FF의 내용을 출력한다.
6	Milestone Report	• 이정표(Milestone)가 설정된 Activity들의 내용을 출력한다.
7	Organization Activity Summary Report	• 특정 Organization에 속한 Activity들의 가중치, 견적가, 실행예산, 현싯가액, 기성률(W.D Percentage) 기성액, 실행액, 잔여예상액, 종합가중치의 내용이 출력된다. 이때, 종합가중치=가중치×기성률
8	Organization Schedule Report	• 특정 Organization에 속한 Activity들의 일정 내용을 출력한다.
9	Organization Summary Report	• 특정 Organization을 기준으로 바로 1단계 하위 Level에 대해 가중치, 견적가, 실행예산, 실행액, 기성액, 누적기성률, 금회분의 기성률, 계획치의 내용이 출력된다.
10	Progress Turn Around Report	• 공사 진행에 따른 공사 진행 상태를 도식화하여 출력한다.
11	Project Cost Report	• 각 월별로 견적가, 실행액, 실행예산, 현싯가액, 기성액, 그리고 이들 간의 비율로 출력한다.
12	Resource Loading & Cost Forecast Report	• 해당 Resource(3개까지 가능)들의 이용 가능량, 필요량, 누적치, 예상 비용을 일별로 출력한다.
13	Resource Loading Forecast Report	• 해당 Resource(3개까지 가능)들의 이용 가능량, 필요량, 필요량 누적치, 이용 가능량과 필요량과의 차이를 출력한다.
14	Resource UsageReport	• 특정 Resource를 사용하는 Activity에 대해 일일사용량, 총사용량, Activity 출발점과 Delay, 자원 사용기간, ES, EF를 출력한다.
15	Resource Requirement Histogram	• 특정자원에 대해 일별 요구량과 이용 가능량을 도식화하여 출력한다.
16	Schedule Report	• 전 Activity를 Schedule Option에 따라 각각의 ES, EF, LS, LF, TF, FF, Scheduled Date를 출력한다.

15 공정표의 종류

프로젝트의 합리적인 공사관리를 위하여 일단 공정표를 작성하게 되는데, 작성기법으로는 여러 가지가 있으나 일반적으로 Bar chart, CPM, PERT, PNS 및 Prima-vera 등의 5가지 정도의 공정표를 주로 사용하고 있으며, 각 공정표마다의 diagram양식과 개략적 설명은 다음과 같다.

1. Bar chart : 캘린더(calendar)상에 각 단위공사마다의 착수시점과 종료시점을 bar activity로 표현하는 기법이다.

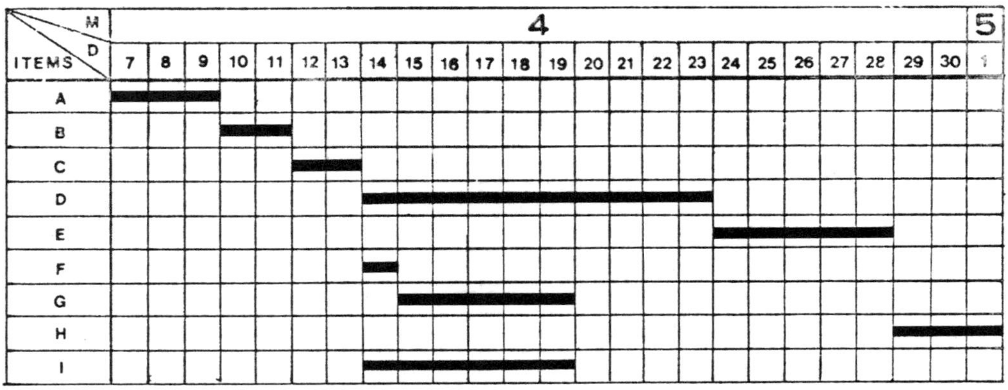

2. CPM(Critical Path Method) : CPM의 기본구성 모델은 화살선(arrow)으로 표현하게 되며, 각각의 arrow activity로서 network 구성을 하는 기법이다. 참고로 위의 Bar chart를 CPM으로 표현하는 것이다.

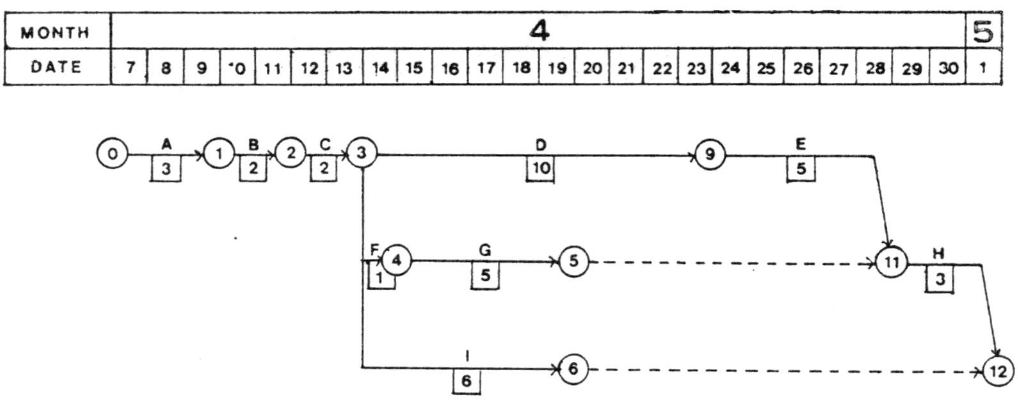

3. PERT(Program Evaluation & Review Technique) : 공종명을 이벤트 안에 기입하며 이벤트마다 상호 연결체계를 갖는 network식 공정기법이다.

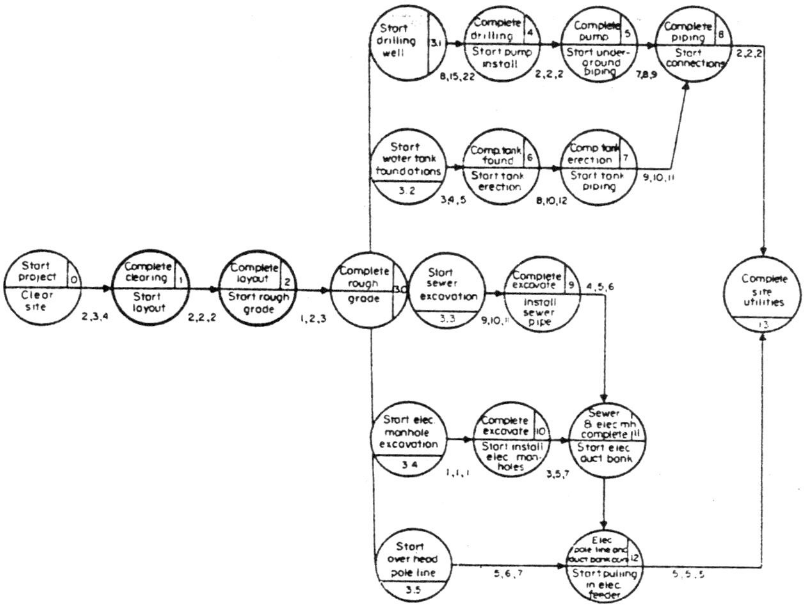

4. PNS(Precedence Network Scheduling) : PERT 형식 기법에 CPM기법을 함께 사용할 수 있도록 합성화시킨 network식 공정기법으로서 diagram 형식은 PERT에 가깝다.

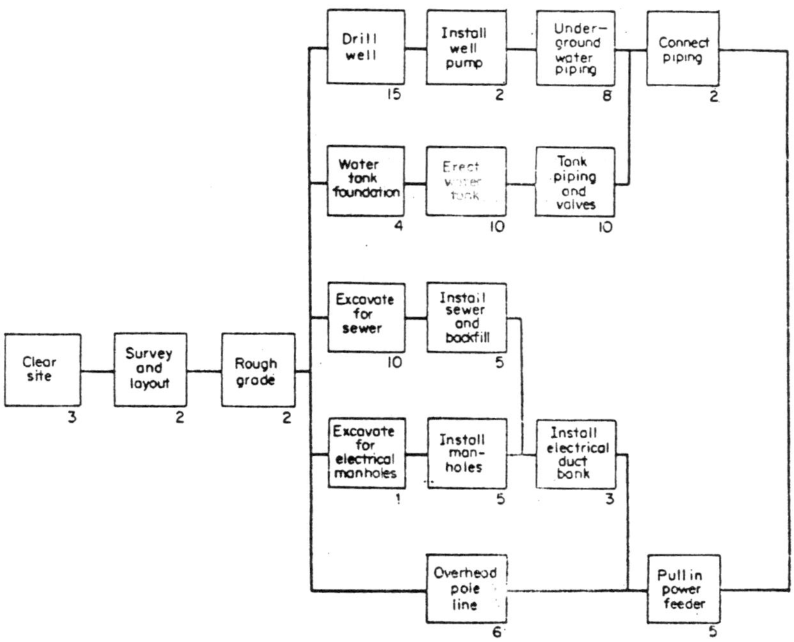

5. Premavera : Bar chart식 공정표를 network화하여 computer로 관리할 수 있도록 개발된 공정기법이다.

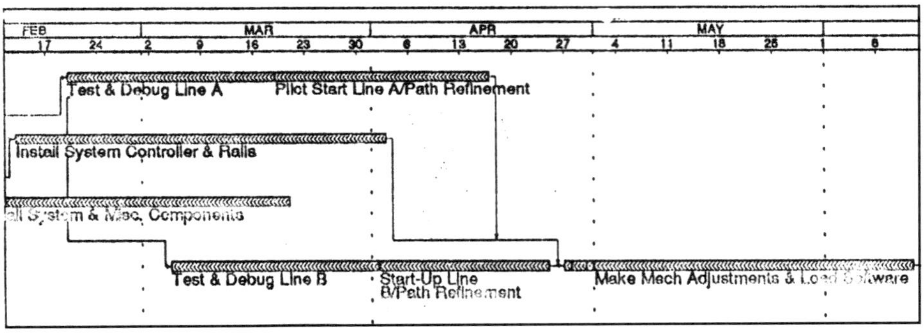

제 2 장

바차트(Bar chart)

고대 이집트인과 로마인은 당시에도 불가사의한 수많은 건설공사를 했었다. 그 시대 건축가가 천재적이고 천부적인 소질을 타고났음을 오늘날 남아 있는 건축물로서도 증명되지만, 이 건축물들의 설계 및 공사계획에 관한 사항은 현재 남겨진 문헌이 없어 확실치 않다. 그러나 고대 벽화에서 볼 수 있는 바와 같이 수많은 인력을 투입시켜 큰 채찍을 사용하여 공사를 집행시켜왔음을 미루어 짐작할 수 있다.

Pyramid공사 그 이전에도 프로젝트를 관리해 온 근거가 있다고 말할 수 있다. 그것은 역사적으로 Noah나 Solomon을 포함해서 다수의 프로젝트 관리자가 있었다고 판단된다. 또한 역사상 기록에서 Babel탑을 설계한 건축가가 누구인지 알려져 있지 않고 다만, 건설공사에 대한 부분적인 기록만을 남겼으나 시공방법 및 공사감독에 관한 기록은 거의 없다.

2 1 Bar chart schedule

19세기 초 Henry L. Gantt와 Frederick W. Taylor가 '작업 : 시간' 개념의 그래픽을 처음으로 미육군병기국 병기(총포)생산 작업계획에 적용한 바 있다. 이 그래픽을 Gantt chart라고 하며, 오늘날 Bar chart의 기본이 되었다.

Bar chart는 다음 그림 2.1에서 보는 바와 같이 타임스케일드된 캘린더(time scaled calendar)상에 분류된 단위공종마다 각 bar의 길이로 착수시점부터 종료시점까지의 기간을 나타내고, 또한 타공종 bar activity에 종속시키지 않으며 bar activity 그 자체로서 기간의 완전함을 나타낸다.

그림 2.1의 Bar chart에서 단위공종마다 bar activity 길이로서 공사기간이 표현되었음을 볼 수 있으며, 단위공종의 분류는 Excavating(굴토공사), Form work(거푸집공사), Concrete work(콘크리트공사)의 3가지 공종명으로 대분류하였고, 이를 또 각기 3단계로 소분류(세분화)시켰다.

공종 분류의 형식을 개략적으로 대분류하여 작성한 Bar chart 공정표를 master bar chart라고 하며, 그 작업선을 master bar activity라고 한다. 또한 조금 더 세분화하여 작성한 bar chart 공정표를 sub bar activity라고 한다. 따라서 공정계획 준비과정 시 공종 분류를 master의 개념으로 계획할 것인지, sub의 개념으로 계획할 것인지를 정한 후 체계적으로 공종 분류를 해야 공정계획 및 공정관리상 편리함을 도모할 수 있다. 이와 마찬가지로 CPM에 있어서도 먼저 master 개념으로 계획할 것인가, sub의 개념으로 계획할 것인가에

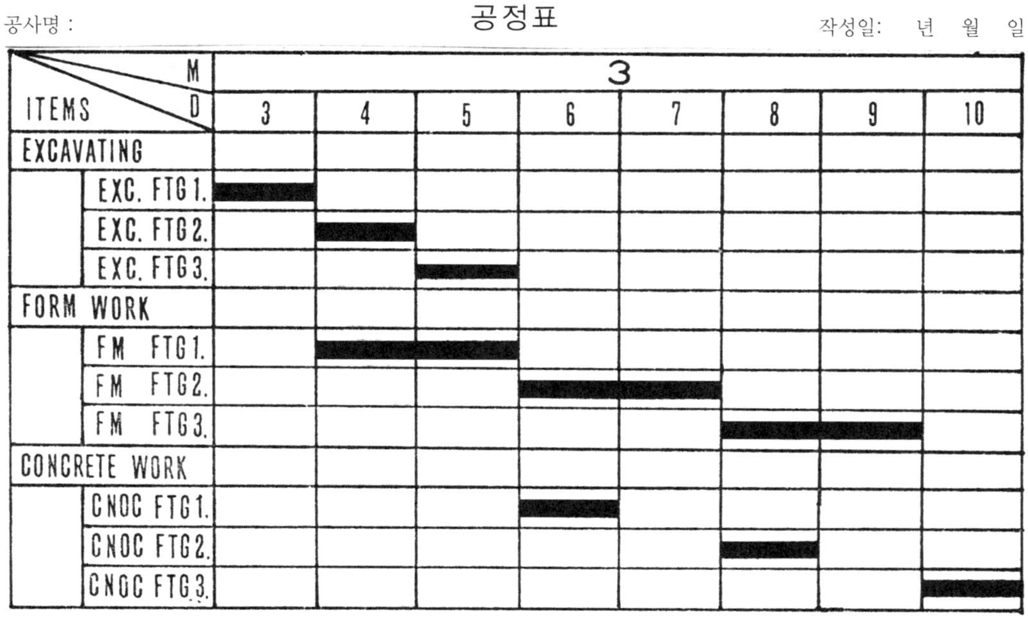

그림 2.1 Bar chart

따라 공종 분류를 체계적으로 정리한 후 공사순서에 입각하여 CPM network logic을 구성해야 한다.

2 2 Bar activity의 작성기법

그림 2.1의 Bar chart는 EXC. FTG1.2.3과 FM FTG1.2.3 및 CONC. FTG 1.2.3으로 분류하여 9개의 bar activity로 표현된 것이다. 이것을 master activity(회색)로 작도해보면 다음의 그림 2.2와 같이 표현할 수 있다.

그림 2.2에서 master bar activity와 sub bar activity를 비교해보면 master의 개념은 개략적으로 공정기간을 bar의 길이로 표현했음을 알 수 있다. 이에 비해 sub bar activity는 각 단위공정별로 FTG1.2.3으로 분류되었다.

여기에서 왜 FTG1.2.3으로 분류하였을까? 하는 점이 공정계획 시 중요한 관점으로 공정계획자가 해당 프로젝트의 평면도에 공정 순서를 숫자로 표기한 것으로서 sub의 개념으로 공정계획 시에는 Bar chart나 CPM 공정표상에 공사순서별 내용을 알 수 있도록 평면도를 다음의 그림 2.3과 같이 반드시 작성하여야 한다. 이렇게 공정표상에 작성해두는 평면도를

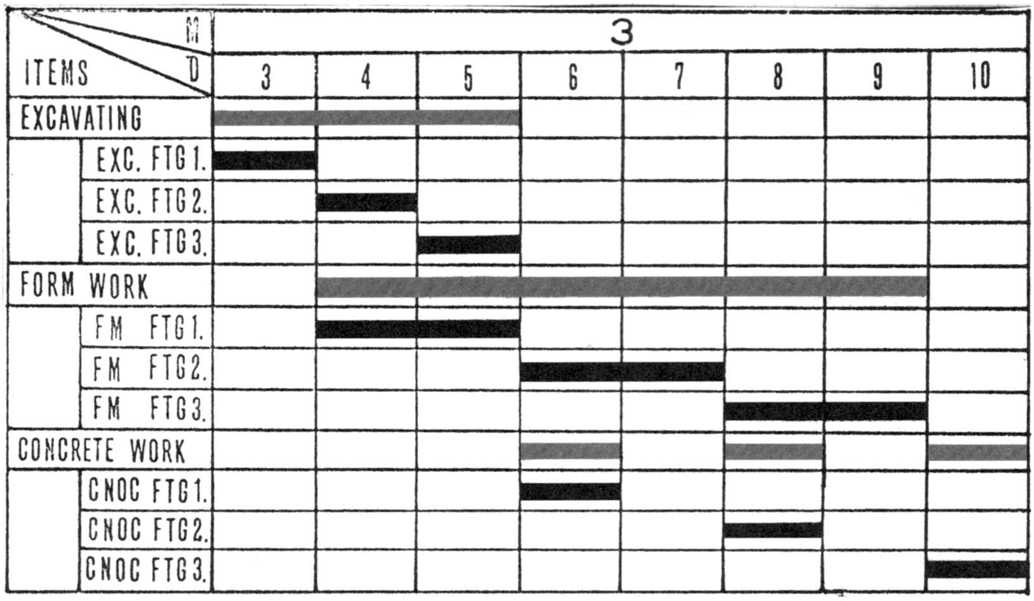

그림 2.2 master bar activity와 sub bar activity의 구분 비교

'KEY PLAN' 을 작성한다고 한다.

그림 2.3에서와 같이 key plan 작성은 건축물의 동(棟, sector)별로 공사순서를 구분하기도 하지만 층별, 부위별, 작업 단위별로도 구분하며, 필요에 따라 key elevation 또는 section 도면까지도 작성하여 공사순서의 구분 및 내용을 프로젝트 참여자 모두가 쉽게 파악할 수 있도록 공정표상에 표현해야 하는 것도 잊지 말아야 할 사항이다.

그림 2.2는 bar activity를 master의 개념과 sub의 개념으로 공종명을 구분하여 작성하였으나 일반적으로 bar chart 공정표 작성은 각 단위별 공정마다 단선으로 표현하고 있다. 다시 말하면, master bar activity로 표현하고 있는 것이다. 이렇게 master bar activity로만 bar chart를 구성할 경우에는 프로젝트의 초기 공정계획 단계는 간단할지 모르지만 공정관리 시에는 많은 불편이 생기기 마련이다. 그러므로 그림 2.4와 같이 master bar activity 그 자체에 sub의 개념을 도입하여 bar activity를 요철형(zig zag)으로 작도함으로써 건축물의 동(棟)별 구분까지도 간단히 표현할 수 있음을 곧 알 수 있다.

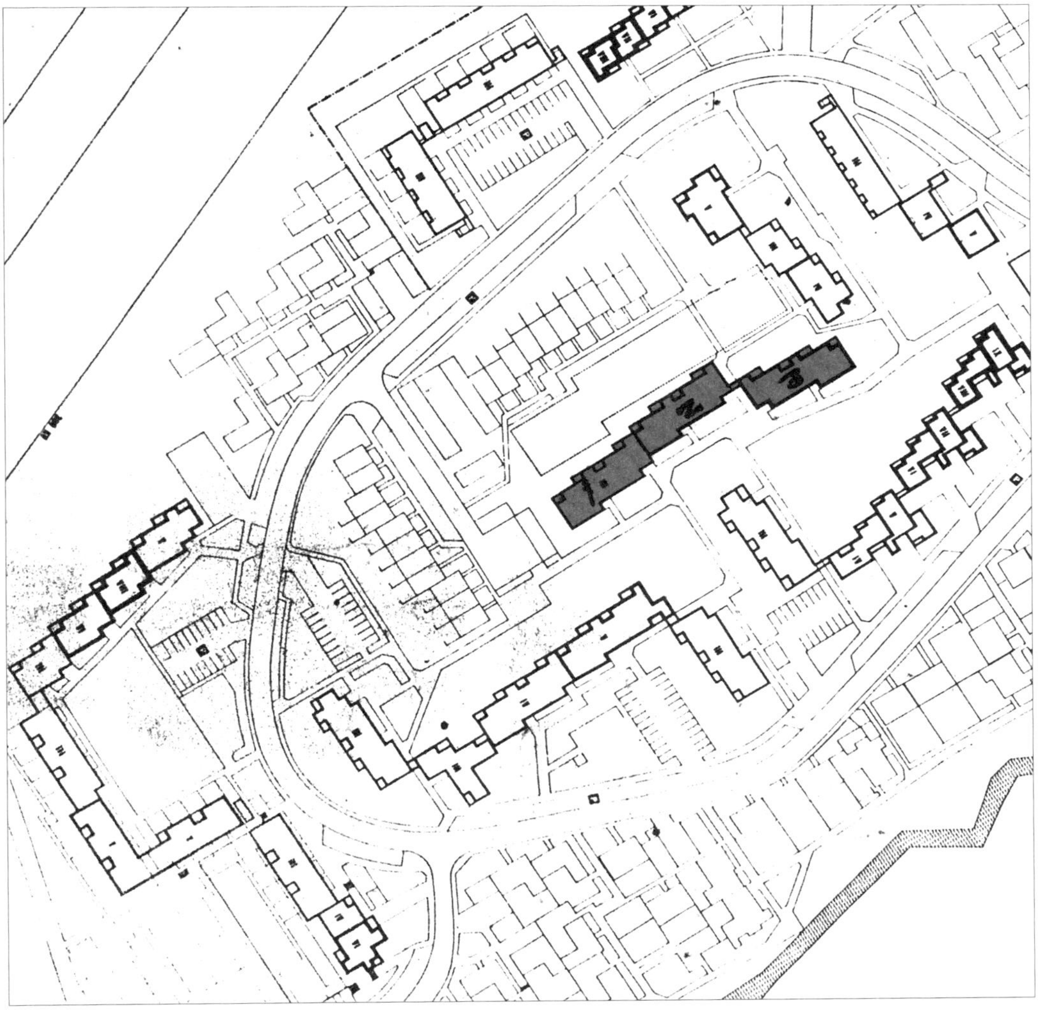

그림 2.3 KEY PLAN

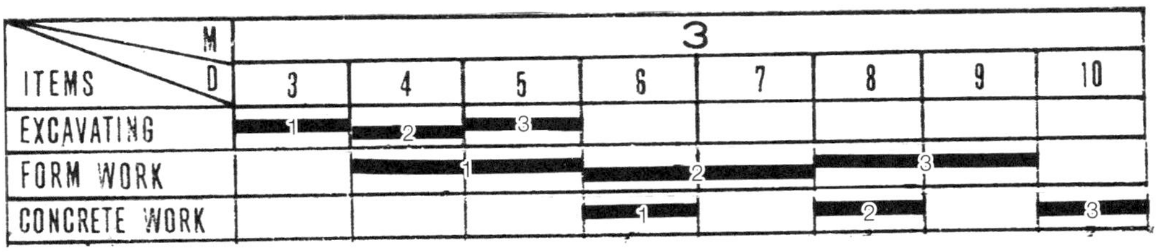

그림 2.4 Master bar activity를 요철형 bar로 작도한 bar chart

2 3 스케줄 작성 준비과정(Schedule Preparation)

해당 건설 프로젝트를 어떻게 하면 체계적으로 공사를 수행할 것인가에 대한 수단으로서 일단 합리적인 공정계획에 의한 공정표 작성을 먼저하고, 이 스케줄 내용으로 컴퓨터에 입출력한 자료로서 공사진도 체크, 각 공정의 공정현황 파악, 소요자원의 적정 분배, 공사 전반의 흐름 분석 및 검토 조정을 함으로써 시공에 필요한 사항을 최대한 지원 · 관리하는 기능을 가진 현장 경영의 수단이다.

무엇보다도 프로젝트의 임무수행에 만전을 기하면, 해당 프로젝트의 공정계획을 현 실정에 타당한 합리적인 공정표로 작성되어야 한다. 따라서 합리적인 공정표를 작성하면 공정계획 준비과정을 다음과 같은 내용으로 체계 있게 분석 · 검토되어야 한다.

1. 동원계획(mobilization plan)

① 자금계획(fund raising plan)

② 인력계획(man power plan)

③ 자재수급계획(material supply & demand plan)

④ 장비계획(equipment plan)

2. 계약서류의 검토 및 파악

(1) 계약서 내용과 각 조항 검토

① 현장 위치 ② 착공일 및 준공일 ③ 계약 보증금과 선급금

④ 공정표 제출 및 승인 ⑤ 기성 관련사항 ⑥ 하도급 관련사항

⑦ 자재 관련사항 ⑧ 설계 변경사항 ⑨ 공사기간 준수와 지체 상금

⑩ 준공정산에 관한 사항

(2) 설계도서 검토 및 숙지

① 계약도면(contract drawing)

② 시방서(specification) : 일반 시방서(general spec.)
특기 시방서(technical spec.)
자재 시방서(material spec.)
스케줄 시방서(schedule spec.)

③ 공사비 내역서(bill of quantity)

④ 공정표 작성(construction scheduling)

⑤ 구조계산서(*구조계산서는 공정계획 시 제외)

3. 시공계획(building construction plan)

① 공종 분류

② 공종별 시공특성(시공법) 파악

③ 공종별로 하도급자 발주계획 및 수립 : 단종업체별 파악

④ 공종별 자재 발주 및 반입계획

4. 일정계획(schedule plan)

공종별로 일정계획을 수립한다. 단, 공기단축이 필요한 공종은 다음 사항을 검토하여야 한다.

① 공사 특성에 따른 시공법 대책

② 같은 공종의 병행작업 가능 여부 분석 파악 및 작업인원 증원 투입 여부 판정

③ 작업시간 연장

5. 스케줄 작성(scheduling)

계약서에 명기된 내용이나 건축주의 요구에 의한 공정표를 작성하여 공사업무에 대처해야 한다.

공정표 작성 시 준비단계로서 상기 사항과 같은 내용의 분석 검토 이외에도 반드시 고려해야 할 사항이 있다. 즉 프로젝트마다 그 규모나 종류가 다양할 뿐만 아니라 예측이나 통제하기 어려운 요소 등의 문제를 안고 있어서 해당 프로젝트 관리를 위해서는 이에 대한 모든 정보자료를 수집 · 분석해야 하며, 특히 일정계획 및 스케줄 작성 시 예측 · 통제하기 어려운 불확실한 제반 요소를 고려하여 반영시켜야 한다.

※ 다음은 공정계획 시 반드시 고려해야 할 예측 · 통제하기 어려운 불확실한 제반 요소이다.

① 기후관계 : 강우량, 강설량, 우천관계, 폭풍우 시기

② 불의의 사고

③ 인력수급 문제

④ 노동자 파업 여부 판단

⑤ 새로운 문제 발생에 대한 대책

⑥ 설계 변경에 따른 제 문제점

⑦ 공사 집중 부하

⑧ 자금수급 문제

⑨ 하도급업체 선정 및 확정기간

⑩ 자재 발주 및 반입시기의 기간 추정

⑪ 명절, 공휴일, 국경일 등의 휴무 관계

⑫ 대관청 인허가 사항에 관한 업무절차 및 승인 시기

⑬ 일조시간 : 하절기, 동절기, 노동시간

⑭ 계약 당초 준공일 준수 여부를 인지하면서도 계약한 경우의 대책

상기 불확실성의 제반 요소들은 공정계획 시 고려하지 않게 되면 공사 준공 시기를 지킬 수 없는 공기 지연의 직접적인 요인이 된다. 또한 불확실한 요소들의 자료를 수집 · 분석함에 있어서도 과학적이며 합리적이어야 한다. 예를 들어 '기후관계'에 대하여 고려할 사항으로는 첫째, 공사현장의 지리적 위치와 지역 특성을 파악할 필요가 있으며, 또한 국내공사와 해외공사에도 구분 · 적용되어야 한다. 둘째, 과학적으로 분석할 수 있는 국가별, 지역별 기상정보자료 또한 필요로 하며, 최근 수년간의 월 평균 강우기간, 강설기간, 태풍기간, 그리고 기온에 관한 관계자료 등도 필요하다.

따라서 공정표(bar chart/CPM) 작성에서 프로젝트의 완료기간을 위에 제시된 어떤 요소 때문에 단위공종마다 공사기간 또는 작성되는 activity에 직접적인 영향을 주게 된다. 즉 불확실한 요소 등의 모든 정보를 수집 · 분석하여 공정계획 시 이를 반영하게 되면 절대공정(주공정) 기간의 근사치를 얻을 수 있다.

또한 공정계획을 전담하는 부서는 견적자료와 실행예산을 기본으로 공사집행 중 어느 때라도 원하는 시점에서 정확한 공정 파악과 손익계산을 실시할 수 있도록 공사의 방향성을 적시에 검토 · 분석하여 대책을 수립하여야 하며, 제반 분석 자료를 해당 부서에 적용시켜 기술향상을 위한 관리체계 개선 및 공사원가 절감의 원칙을 추구할 수 있도록 계획해야만 한다.

2 4 Bar chart와 Network식 공정표와의 상관성

Bar chart 작성자와 CPM network 작성자가 한 사람이었다고 가정하면, 계획자의 사고개념과 계획 과정은 동일할 수밖에 없다. 다만, Bar chart와 CPM network는 공정표 작성

기법과 이용도에서 다소 차이가 있을 뿐 내용면에서는 양자 모두 같다고 할 수 있다. 즉 Bar chart schedule을 CPM network schedule로 바꾸어 작성할 수도 있고, 반대로 CPM network를 Bar chart로 작성해 볼 수도 있다.

일반적으로 Bar chart schedule을 먼저 작성한 후에 이것을 CPM network schedule로 다시 적상하는 것이 network 구성상 합리적이라고 할 수 있다. 따라서 Bar chart 작성을 먼저 하게 되면 다음과 같은 유리한 점이 있다.

① 공종 분류(대분류, 중분류, 소분류)를 체계적으로 할 수 있다.

② 공사 순서별로 공종을 나열할 수 있다.

③ 공종별 bar activity의 길이를 공사기간에 맞춰 융통성 있게 표현할 수 있다.

④ Bar chart상에 캘린더가 작성되어 있어 공사일정에 포함시켜야 할 예측 불확실한 일정을 공정계획 시 고려하기 쉽다.

⑤ Bar chart상의 캘린더에 의한 각 공종별 bar activity의 착수시점과 종료시점을 바로 인식할 수 있어 bar chart에 의하여 구성한 CPM network의 activity 또한 캘린더에 의하여 일정계산을 별도로 계산할 필요가 없어 편리하다.

1. 공종 분류 요령

공종 분류는 어떻게 분류해야 체계적으로 분류했다고 할 수 있는가? 하는 것이 scheduling(스케쥴 작성)하는데 가장 핵심적인 요소라고 할 수 있다. 일단 bar chart양식에 scheduling하기 전에 해당 프로젝트의 모든 공종 분류 형식을 대공종, 중공종, 소공종별로 구분하되 이 세 가지 중 어느 한 가지 형식을 택할 것인가 결정해야 한다. 즉 중공종(개략공종, master items)만 가지고 scheduling할 것인가 아니면 소공종(세분화공종, sub items)만 가지고 scheduling할 것인가를 결정지어야 한다는 뜻이다. 이러한 내용의 예를 철근콘크리트공사의 단위공종으로서 공종 분류를 해보면 다음과 같다.

Bar chart에서 단위공종마다의 Bar Activity의 길이로만 공사기간이 표현되었으며, 이 단위공종마다의 Bar Activity 길이를 정하는 데 있어서 일정계획이 계산치에 의하여 작성된 것인지 단순히 경험치에 의하여 무작위로 작성된 것인지 분명치 않다. 또한 예를 들어 (그림 2.5)에서 골조공사(RC조)의 경우는 착공기간(6월 20)과 준공기간(10월 20)만 표현되었을 뿐 층별마다의 공사를 언제부터 언제까지 공사해야 하는지 공사기간의 구분이 없으므로 공사 진행과정(Construction Progress)을 체크할 수도 없다. 이럴 경우 다음의 (그림 2.5) Bar chart와 같이 층별 구분을 요철형으로 Bar Activity에 변화를 주면 좀 더 현실감 있는 Bar chart 공정표가 될 것이다.

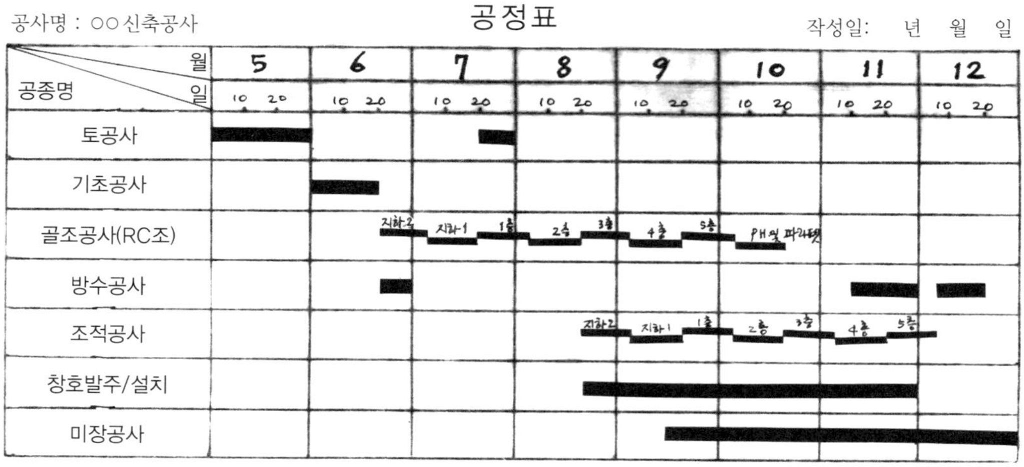

그림 2.5 개략 바차트(Master Bar chart)

위 그림 2.5의 Bar chart에서 골조공사(RC조) Bar Activity를 요철형으로 층별 구분하여 공사기간을 표현한 것도 무작위 발상적 계획으로 근거도 없이 표현한 것이 아니라 다음의 그림 2.6의 Bar chart와 같이 한 층당 공기(Construction Duration)를 다시 세분화하여 이를 그림 2.5의 Bar chart에 반영시킨 것이다.

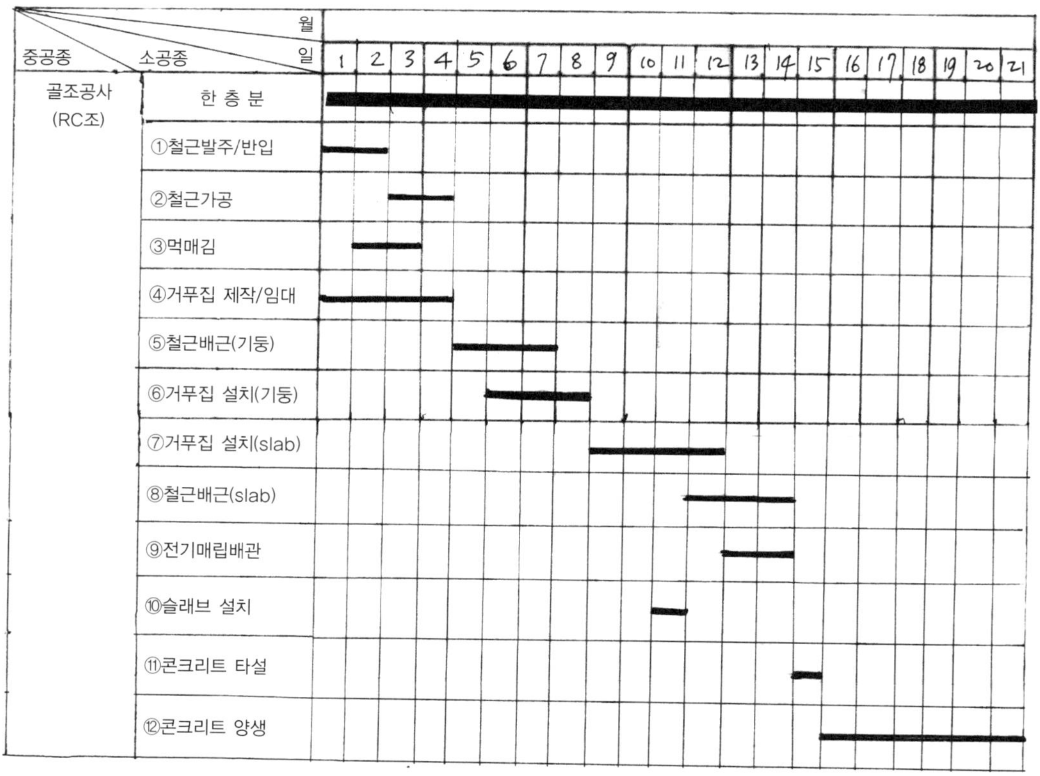

그림 2.6 세분화 바차트(Sub Bar chart)

Bar chart를 Network Diagram으로 바꾸어 작성할 수도 있고, 이와 반대로 Network Diagram을 Bar chart로 바꾸어 작성해 볼 수도 있다. 일반적으로 Bar chart를 먼저 작성한 후에 이것을 CPM Network Diagram으로 바꾸어 작성하는 것이 바람직하다.

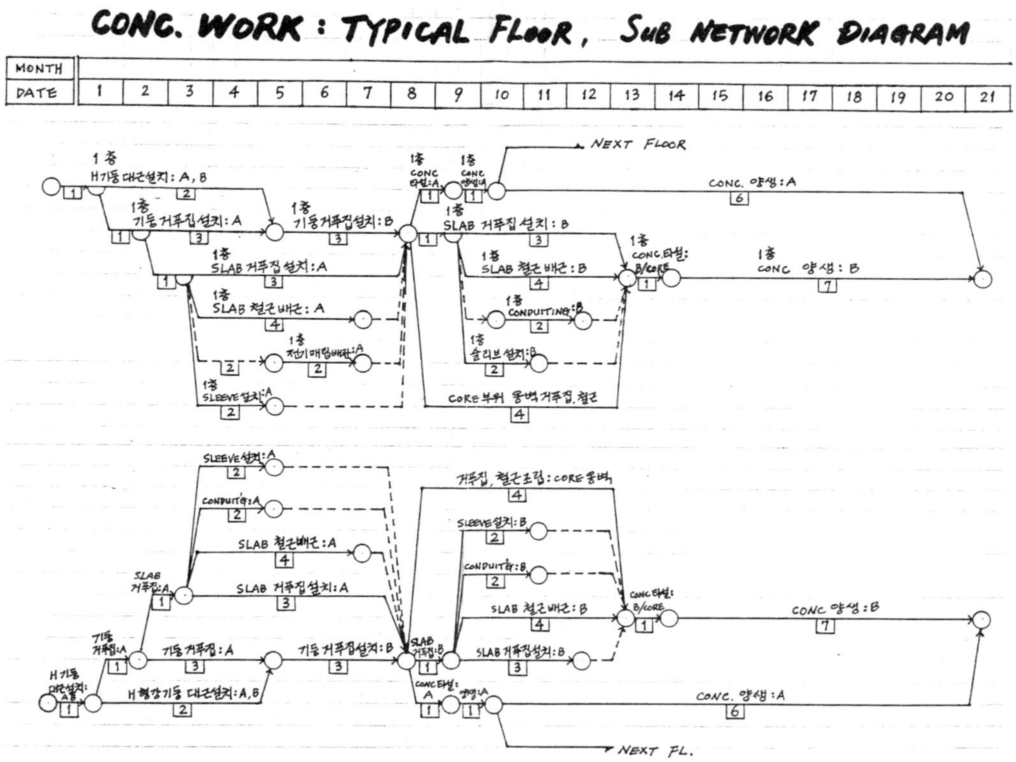

위의 CPM 네트워크도 아래의 요령과 같이 Bar chart 작성을 먼저 하게 되면 다음과 같은 유리한 점이 있다고 강조한다.

① 공종 분류(대분류, 중분류, 소분류)를 체계적으로 할 수 있다.

② 공사 순서대로 공종을 나열할 수 있다.

③ 공종별 Bar Activity의 길이를 공사기간에 맞춰 자유자재로 유연하게 표현할 수 있다.

④ Bar chart상에 캘린더가 작성되어 있어 공사일정에 가산시켜야 할 예측 불확실한 일정을 공정계획 시 고려하여 삽입하기 쉽다.

⑤ Bar chart상의 캘린더에 의하여 각 공종별 착수시점과 종료시점을 바로 인식할 수 있으므로 구성된 Network Activity의 일정계산을 별도로 계산할 필요가 없어 편리하다.

다음은 Bar chart를 CPM Network Diagram으로 도식화한 일례이다.

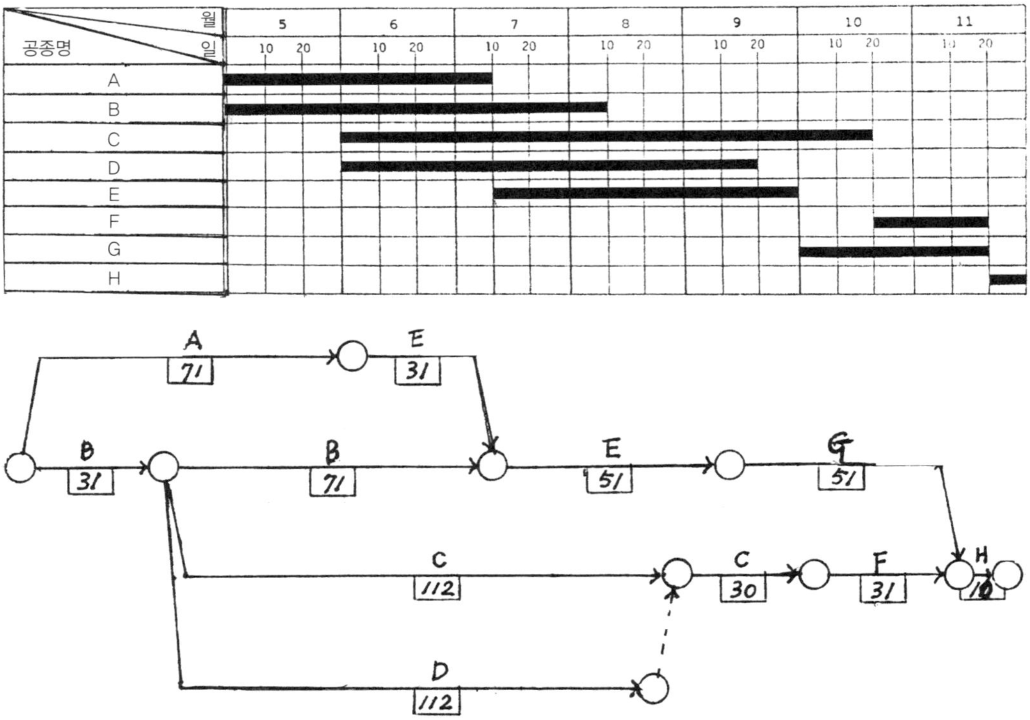

〈동일한 내용의 Bar Chart(上)와 CPM Network(下)〉

2. Bar chart와 CPM의 比較

Bar chart와 CPM의 공정계획 및 공정표 작성자가 동일인이 작성하였다고 가정하고, 이를 서로 비교하여 보면 표 2.1의 내용과 같이 분석할 수 있다.

표 2.1 Bar Chart와 CPM의 비교 및 장단점

	Bar chart	CPM Network
1. 기법	Bar Activity를 사용하고 그 길이로서 각 공종의 착수 및 종료기간을 나타내며, 그 자체로서 완전함을 표현한다.	Arrow Activity로서 Network를 구성하여 사용하고, 각 Activity(공종)마다의 공사기간을 자유로이 조정할 수 있다.
2. 공종의 상호관계	각 공종 간에 상호관계를 연결시켜주는 표현이 잘 되지 않는다.(단점)	공종 상호관계를 자유로이 표현할 수 있다.(장점)
3. 진도관리 및 기성관리	Bar chart 공정표도 Bar Activity를 세분화시켜 자세한 공정표를 작성하게 되면 진도 및 기성관리를 할 수 있으나 일반적으로 사용하는 개략공정표로서 관리하기에는 용이하지 않다.(단점)	Arrow Activity를 Vectorizing하여 작성된 Network공정표는 진도체크 및 기성관리가 용이하다.(장점)
4. 컴퓨터 적용 여부	컴퓨터 사용 불가(단점)	컴퓨터를 이용할 수 있어 공사관리에 필요한 정보 및 자료를 입력시켜 수시로 필요한 리포트를 제공받아 관리하기가 용이하다.(장점)

5. 새로운 상황 대처	새로운 상황에 대처하기 거의 불가능하다. 즉 계획공정과 실시공정이 상이한 경우 이의 조정방법은 없으며, 다시 새로운 공정표를 작성해야 한다는 점이다.(단점)	새로운 상황에 수시로 대처할 수 있다. 즉 계획공정과 실시공정이 상이한 경우 일정조정, 공사순서의 변경, 누락 공종 삽입, Activity cost 조정 및 새로운 공정표 재작성까지 모두 원하는 시점에서 조정 가능하다.(장점)
6. 이용도	공정표 작성이 용이하며, 특별한 교육 없이도 이해하기 쉽다. 따라서 경영진의 브리핑용이나 현장소장의 진도관리에 개략적인 지침을 주기도 하여 일반적으로 이용도가 높다.(장점)	공정표 작성과정이 복잡하며, 기법을 이해하기 위한 교육의 필요성으로 이용도가 낮고, 또한 이를 관리하기 위한 컴퓨터 H/W 및 S/W 구입 설치 운영에 애로점이 있다.(단점)
7. 공정계획 및 작성	계획 및 작성시에 공종 분류를 체계적으로 설정할 수 있어 합리적인 Bar Chart를 작성할 수 있으며, 이렇게 작성된 Bar chart는 Network공정표로 바꾸어 작성하는 데 기본 자료가 된다.(장점)	Bar chart에 의한 Network 구성을 원칙으로 하지 않고 Network Logic을 직접 구성할 경우, Activity가 서로 엉키기 쉽고, 이를 재구성하는 데 어려운 점이 있으며, 또한 공사 순서별이나 공종분류가 비체계적으로 구성되기 쉽고, 공종 상호관계의 체계가 원만하지 못할 경우가 있어 오히려 관리상 불편을 초래하기도 한다.(단점)

2 5 Bar chart의 활용도

1. Bar chart에 의한 월별 소요공사비 계획

총 공사비는 프로젝트를 완성하는 데 필요한 소요자금을 말한다. 이 총공사비의 쓰임새는 공사계약서의 '공사비 지급조항'에 명시된 바와 같이 집행하게 되며, 일반적으로 매월 기성에 의한다. 그러므로 총공사비를 월별로 소요자금을 분할계획하게 되는데, 이 계획은 공사 진도율에 따른다. 하나의 프로젝트를 놓고 자금계획을 수립함에 있어서도 항상 서로 다른 두 입장이 존재하게 된다. 즉 건축주(발주자)측과 시공자측을 말한다. 양측은 모두 동일한 공정계획표를 기본자료로 하여 자금계획을 수립하게 되지만 건축주(발주자)측에서는 공사비를 지급하는 입장의 자금계획을 수립하게 되고, 시공자측에서는 공사 기성금을 수급하는 입장의 기성계획을 수립하게 된다. 또한 전자의 경우에는 공사 발주시마다 선급금(계약금)을 지급해야 하므로 이에 대한 사항도 유의하여 계획 시 반영되어야 한다.

공사비의 기성지급 및 수급은 공사 진도율에 비례하여 집행되기 때문에 월별 소요공사비 계획에서 가장 중요한 것은 첫째로, 체계적인 공종 분류와 둘째로, 정확도 높은 공사일정계획에 의한 공정표 작성에 있다. 따라서 공종 분류는 대공종, 중공종, 소공종으로 체계적으로 분류해야 하며, 자재 발주/반입 및 층별 · 부위별 · 용도별 · 단위공종 하도자별에 따른 계획도 각 공종 분류 시 유의하여 구분해야 한다.

다음의(그림 2.5) Bar chart 공정표에서 보는 바와 같이 Bar chart 양식의 구성은 ① 공종 분류, ② 보할(%), ③ 공사비, ④ 캘린더(Calendar), ⑤ Bar Activity, ⑥ 계획공정률 그래프 등으로 구성되어 있음을 볼 수 있다.

① 공종 분류란에는 주어진 프로젝트를 완성하는 데 필요한 각종 공사명을 기입한다. 공종명을 대분류해 보면 설계, 토공사, 건축공사, 전기공사, 기계설비공사, 인테리어공사, 조경공사, 그래픽공사 등으로 분류하고, 필요 시에는 가구 집기비품 및 장비까지도 대공종에 포함시켜 분류하기도 한다. 이렇게 대분류된 공종을 중공종으로 분류하고, 다시 중분류시킨 공종을 소공종으로 세분화시켜 체계적으로 분류하는데, 일반적으로 Bar chart에 작성되는 공종명은 중분류된 공종명으로 관리하게 된다.

② 공사비란에는 분류된 각 단위공종별로 소요공사비를 산출하여 기재하되 계약체결된 공사비 내역서의 금액과 차이가 없도록 하여야 한다. 이렇게 산출된 단위공종별 소요공사비의 합계가 프로젝트 총공사비가 된다.

③ 보할(%)란의 보할계산은 총공사비에 대한 각 단위공종별 백분율로 환산한다. 이렇게 환산된 각 단위공종별 보할합계는 반드시 100%가 되어야 한다. 이는 곧 공사 진도율 월별 소요공사비 산출에 영향을 미친다.

④ 캘린더(Calendar) 작성은 연도별, 월별, 일정별로 구성되는데, 특히 월별란 내의 일정 표현 방법은 주간 단위, 10일 단위 또는 일일 단위 등으로 구분한다. 주간 단위나 10일 단위로 구분하여 작성된 Bar chart를 개략 바차트(Master Bar chart)라고 하며, 이는 월별 소요자금 계획이나 프로젝트의 개략공정 파악에 지침을 주므로 브리핑용에 많이 활용되고, 매일 단위로 작성된 Bar chart를 세분화 바차트(Sub Bar chart)라고 하며, 자세한 일정 계획 시 이용하므로 현장관리에 편리하다.

⑤ Bar Activity는 각 단위공종마다 착공시점부터 완공시점까지 막대길이로서 공사기간을 표현한 것이다. 이 막대길이의 표현은 직선으로 표현하기도 하고, 요철형으로 표현하기도 한다. (그림 2.5) 참조

⑥ 계획공정률 그래프 작성은 각 단위공종마다 월별로 공사 진도율을 계획한 보할을 프로젝트의 착공일부터 준공일까지 그래프로 표현한다. 월별 공사 진도율은 월별 공사 기성금과 비례하므로 월별 공사 진도율 계획은 곧 월별 소요자금 계획과 같은 것이다. 따라서 계획 공정률 그래프를 공사비용곡선이라고 하며, 작성된 비용곡선의 모양이 'S' 자 형태이어서 이를 'S-curve' 라 한다. 또한 시공자측은 공사 기성을 받는 입장에서 일명 '소득곡선(Earning curve)' 이라고도 한다.

2. 공정표 사례

공 정 표

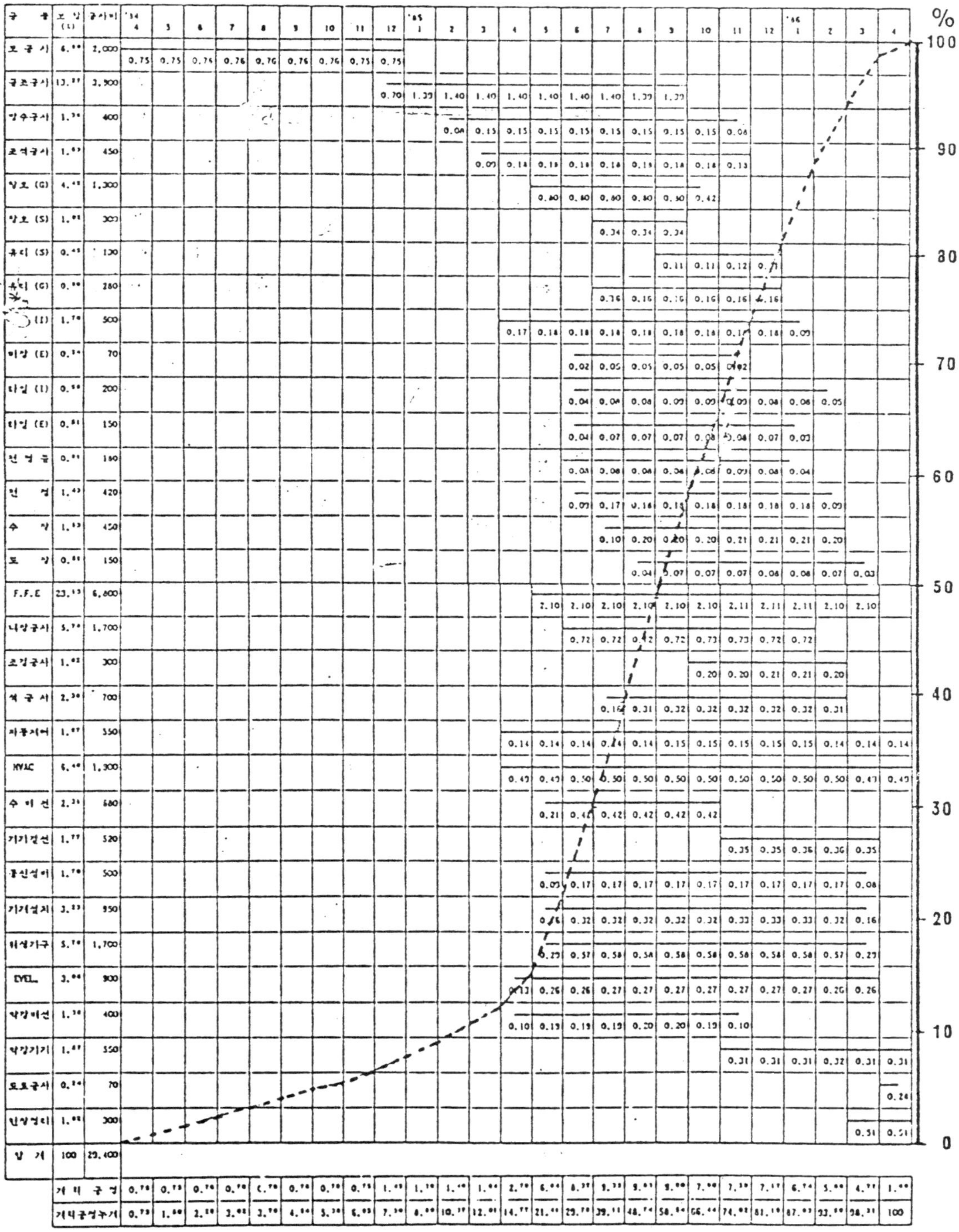

그림 2.7 평균 보할법에 의한 공종별 월별 계획 공정률(%)

공 정 표

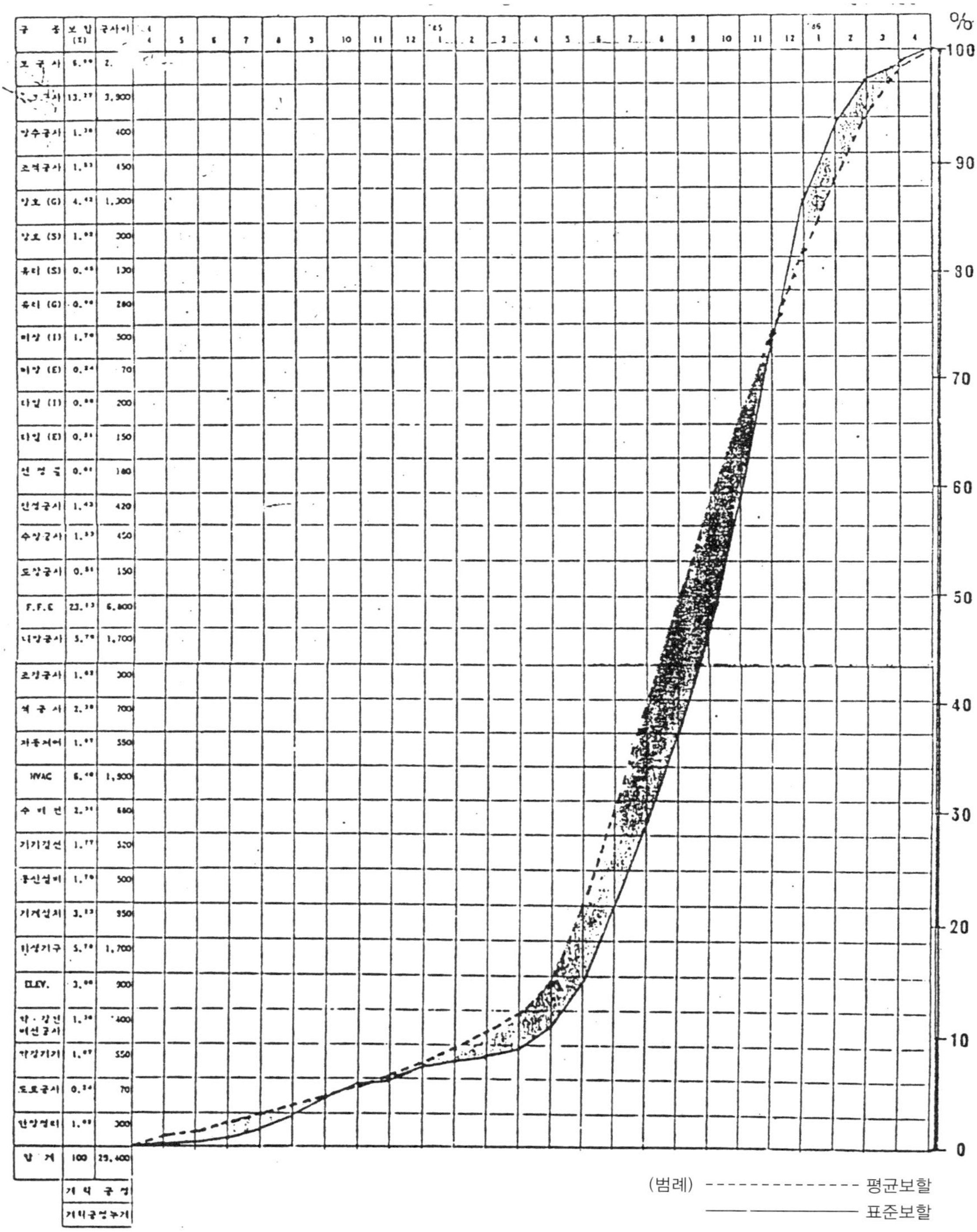

그림 2.8 평균 보할의 S-curve와 표준보할의 S-curve 비교

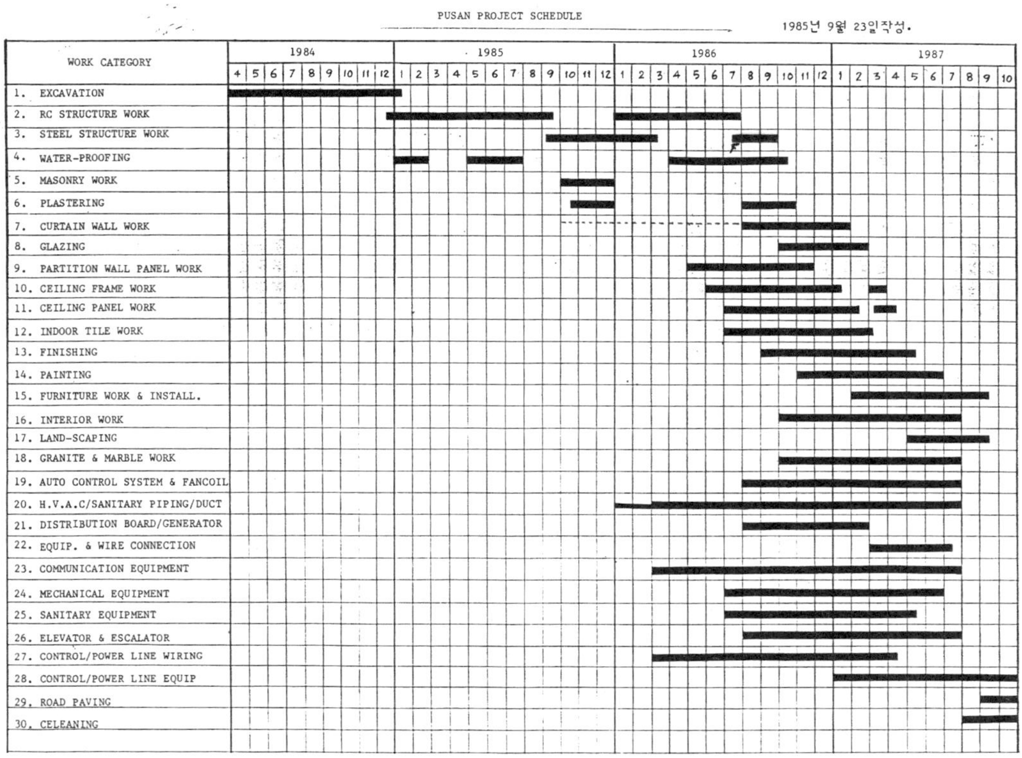

그림 2.9 그림 2.8의 Bar chart화한 내용

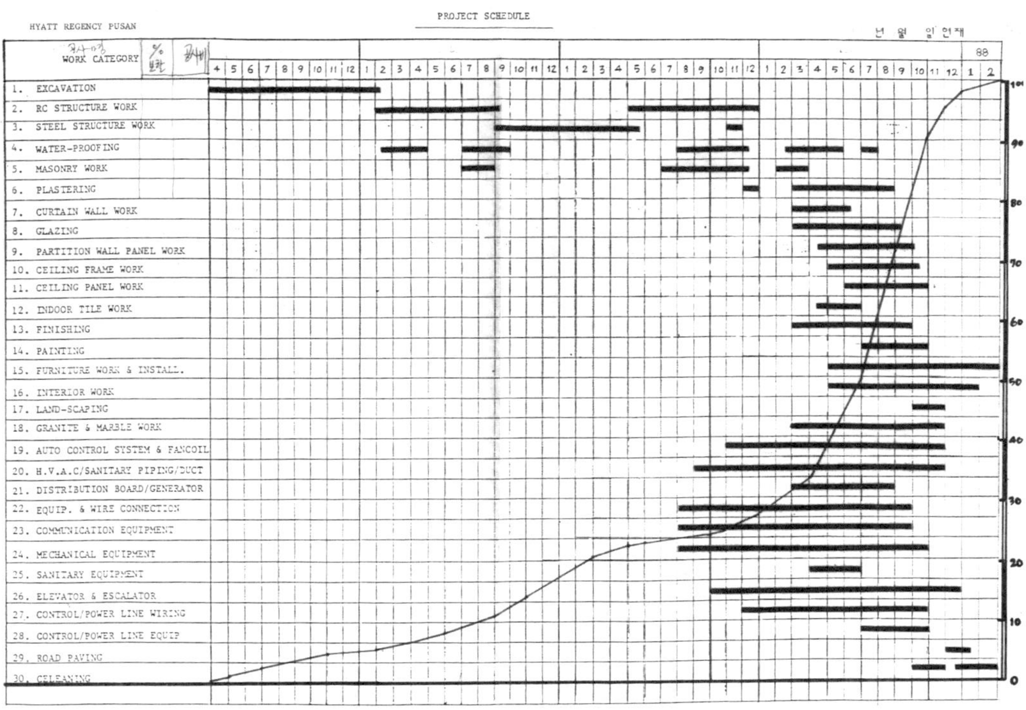

그림 2.10 그림 2.8과 2.9의 공사비에 의한 표준보할 S-curve임

표 2.2 표준 보할표(단위공종별 월별 진도율(%))

시공월수 / 등 분	1	2	3	4	5	6	7	8	9	10	11	12	13	14	15	16	17	18	19	20
1개월진도율(%)	100	28	12	8	6	5	4	4	3	3	2	2	2	2	2	2	1	1	1	1
2개월진도율(%)		72	58	20	9	7	5	4	3	3	3	3	2	2	2	2	2	2	2	1
3개월진도율(%)			30	53	37	16	9	5	5	4	4	3	3	2	2	2	2	2	2	2
4개월진도율(%)				19	41	42	27	15	9	5	4	4	3	3	2	2	2	2	2	2
5개월진도율(%)					7	24	36	31	21	13	8	5	4	3	3	2	2	2	2	2
6개월진도율(%)						6	15	22	29	24	19	11	9	6	4	3	3	2	2	2
7개월진도율(%)							4	16	20	28	23	19	15	10	8	6	4	3	2	2
8개월진도율(%)								3	7	13	20	23	17	16	12	9	7	7	5	3
9개월진도율(%)									3	5	11	16	23	19	18	14	12	8	7	6
10개월진도율(%)										2	4	8	11	18	17	17	14	12	10	8
11개월진도율(%)											2	4	6	10	14	17	15	14	11	11
12개월진도율(%)												2	3	4	9	11	17	15	14	12
13개월진도율(%)													2	3	3	6	7	13	15	13
14개월진도율(%)														2	2	3	6	7	10	15
15개월진도율(%)															2	2	3	4	6	7
16개월진도율(%)																2	2	3	4	6
17개월진도율(%)																	1	2	3	4
18개월진도율(%)																		1	1	1
19개월진도율(%)																			1	1
20개월진도율(%)																				1
20개월진도율(%)	100	100	100	100	100	100	100	100	100	100	100	100	100	100	100	100	100	100	100	100

표 2.3 S-curve에 의한 월별 등분 %값

월별수 / 등분	1	2	3	4	5	6	7	8	9	10	11	12	13	14	15	16	17	18	19	20
0-1	100	28	12	8	6	5	4	4	3	3	2	2	2	2	2	2	1	1	1	1
1-2		72	58	20	9	7	5	4	3	3	3	3	2	2	2	2	2	2	2	1
2-3			30	53	37	16	9	5	5	4	4	3	3	2	2	2	2	2	2	2
3-4				19	41	42	27	15	9	5	4	4	3	3	2	2	2	2	2	2
4-5					7	24	36	31	21	13	8	5	4	3	3	2	2	2	2	2
5-6						6	15	22	29	24	19	11	9	6	4	3	3	2	2	2
6-7							4	16	20	28	23	19	15	10	8	6	4	3	2	2
7-8								3	7	13	20	23	17	16	12	9	7	7	5	3
8-9									3	5	11	16	23	19	18	14	12	8	7	6
9-10										2	4	8	11	18	17	17	14	12	10	8
10-11											2	4	6	10	14	17	15	14	11	11
11-12												2	3	4	9	11	17	15	14	12
12-13													2	3	3	6	7	13	15	13
13-14														2	2	3	6	7	10	15
14-15															2	2	3	4	6	7
15-16																2	2	3	4	6
16-17																	1	2	3	4
17-18																		1	1	1
18-19																			1	1
19-20																				1

부산 하얏트 호텔 프로젝트 공정표

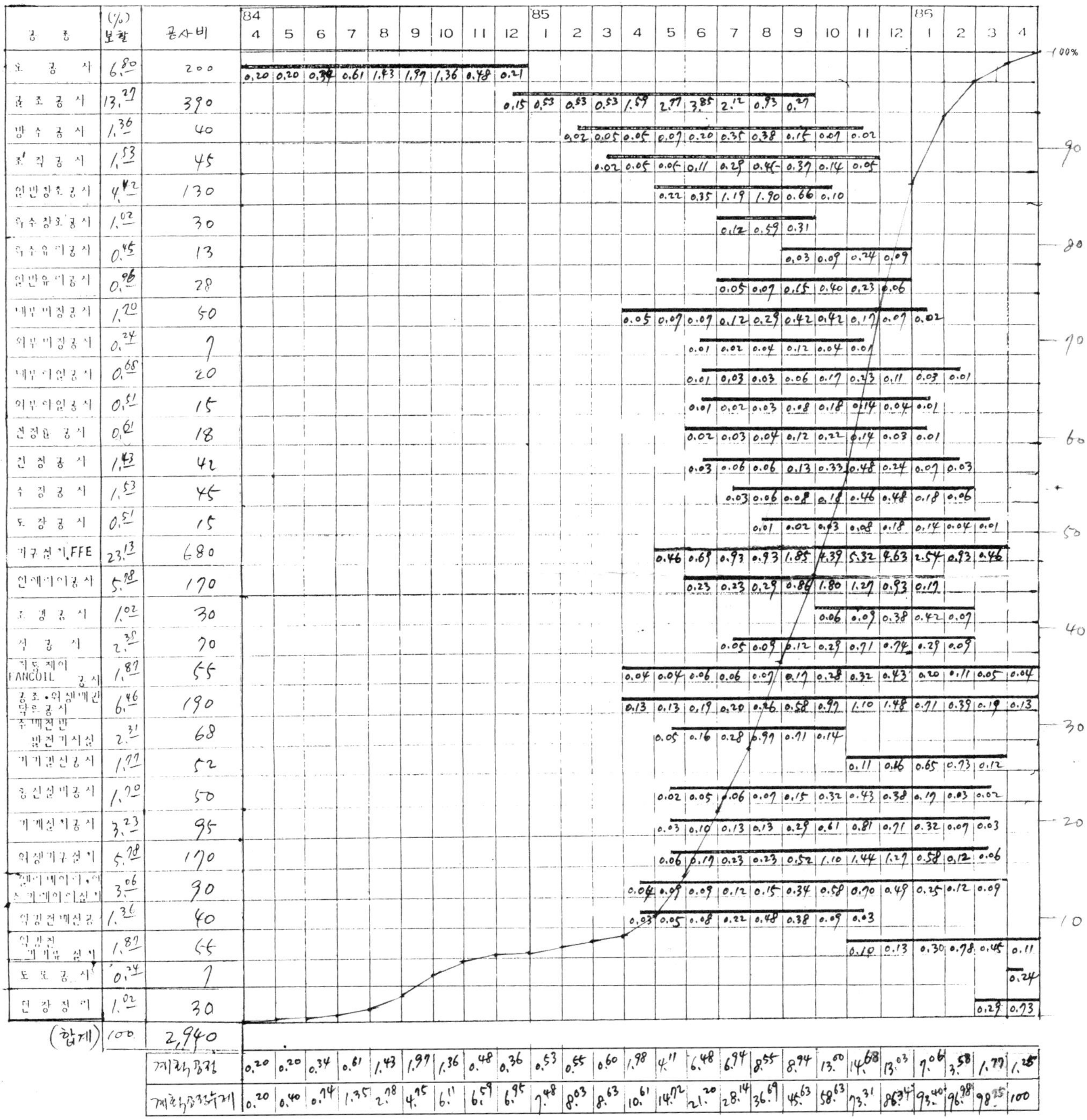

그림 2.11 부산 하얏트 호텔 프로젝트 월별 소요자금 및 공사진도율

2 6 공종분류 분석

1. 설계

- 본공사 실시 설계
- 모형제작
- 인테리어 기본설계
- 인테리어 실시설계
- 현장설계 및 준공도면
- 그래픽 설계

2. 토목공사

- 토공사
- 흙막이공사
- 어스앵커공사
- 차수공사
- 록앵커공사
- 기타 공사

3. 건축공사

- 가설공사
- 지하층 골조공사
- 철골공사
- 철근콘크리트공사
- 조적공사
- 창호공사
- 미장공사
- 방수공사
- 타일공사
- 천장공사
- 석공사
- AL.커튼월 공사
- S.STL 공사
- 유리공사
- 도장공사
- 수장공사
- 금속공사
- 잡공사
- H/W설치공사
- 곤돌라 설치공사

4. 설비공사

- 공조설비공사
- 위생설비공사
- 소화설비공사
- 자동제어설비공사
- 기타 공사

5. 전기공사

- 변전실공사
- 전력간선공사
- 동력공사
- 조명등공사
- 전열공사
- 전화, TV, 인터폰공사
- 방송약전공사
- 자동탐지설비공사
- 접지/피뢰침공사
- ELEV/ESC공사
- 한전인입공사
- EPS실 연소방지공사

- 음향설비공사
- 에너지절감 시스템설치공사
- UPS공사
- 위성수신 안테나설치공사
- 전화국선 인입공사
- 주차관제설비공사
- 2단 주차설비공사
- 컴퓨터배관 배선공사
- 에어컨 설치공사
- Energy Saving System

6. 내장공사

- 객실 복도공사
- PUB 내장공사
- Lobby
- Restaurant
- Ball Room
- Sauna, Pool, Health Club
- Barber & Beauty Shop
- Casino

※ 공사비 분석 과정은 다음의 공종분류 시마다 적용해야 한다.

Construction cost Analysis(공사비 분석)

① Mobilization Planning & Sehedule(동원계획과 스케쥴)

② Design Planning & Progress Schedule(설계계획 및 진도 스케쥴)

③ Construction Progress Schedule(공사진도 스케쥴)

④ Procurement Schedule(반입계획 스케쥴)

- Material Delivery Schedule(자재반입 스케쥴)
- Shop Drawing Progress Schedule(현장설계 진도 스케쥴)

2 7 Work Category Analysis(공종분류)

1. 가설공사

- 대지측량
- 가설재료
- 가설울타리
- 줄 띄워 보기
- 규준틀 및 기준점
- 비계 및 발판
- 현장감리사무실
- 하도자사무실
- 창고(재료, 각종 공구)
- 재해방지(낙하물, 위험방지)
- 보양
- 가설물 철거

2. 토공사

- 대지정리
- 흙막이공사
  - 천공
  - pile박기
  - pile뽑기
  - 띠장설치
  - 토류판 설치
  - 토류판 해체
- 차수공사
  - 천공
  - 액주입
- 어스앵커공사
  - 강선조립 설치
  - 천공
  - Cement주입
  - 코운(Cone)조립, 인장
- 굴토공사
  - 일반토사
  - ripping암
  - 발파암
  - 되메우기
- 기타 공사
  - 면고르기
  - 양수작업
  - 하수관, 기타
  - 도로유지 보수
  - 자재 및 운반
  - 부대공사(절토처리 등)

3. 기초공사

- 지정공사(말뚝박기공사)
  - 공법, 공기구
  - 운반 및 취급
  - 박기(이음말뚝), 현장이음 용접
  - 지정(指定)
  - 말뚝머리(가지런히 처리)
  - 시공정밀도 체크
- 경량 Conc 및 무근 Conc 공사
  - 설계기준강도 test
  - Slump test
  - 계획배합표시방법

4. 철근 Conc공사

- 철근가공
- 거푸집 가공 조립
- 철근배근, 이음 정착(배근검사시험)
- 콘크리트 타설(방법)
- 콘크리트 양생(양생기간, 콘크리트 보양방법, 寒 · 暑)
- 거푸집 해체
- Suppoting, re-setting(받침기둥, 바꾸어 세우기)

5. 철골공사

- 재료
  - Roll Beam, Built up Beam(자재 지정 및 선택에 의함)
  - 리벳, 볼트, 고장력 볼트, 단강, 주강, 용접관계
  - 재료시험 및 보관관계
- 공작일반
  - 공작도
  - 강재구별
  - 금긋기
  - 절단
  - 뒤틀림 교정
  - 구부림 가공
  - 수압면
  - 가조립
  - 관통구멍
  - 공사장 실측, 기타
- 리벳공작, 기타
  - 리벳구멍
  - 조립
  - 리벳치기
  - 볼트 사용
  - 볼트 구멍
  - 풀림방지
  - 가설구멍이음
  - 전단볼트
  - 핀 및 롤러
- 고장력 볼트 공작
  - 길이
  - 취급
  - 구멍
  - 접합부 조립
  - 마찰면 처리
- 용접
  - 모재의 청소
  - 용접가공
  - 가볼트
  - 천후 및 기온
  - 현장용접 부재의 도장
  - 재해예방
  - 불량용접의 보완
  - 부재의 교정
  - 용접부 검사
  - 부대시설물 용접

- 공장칠
- 제품검사 및 발송
- 현장시공
  - 가설전력설비
  - 장비설치
  - 반입부재 구분
  - 기본치수 계측
  - 세우기(erection)
  - 세우기 보양
  - 안전관리
- 현장칠, 기타
  - 현장칠
  - 앵커볼트 묻기
  - 볼트의 보양
  - 기둥 밑창 고르기

6. 조적공사

- 벽돌공사
  - 일반사항
    - ▪한랭기 및 극한기 시공 주의
    - ▪재료
    - ▪운반 및 저장
    - ▪보양
    - ▪창문틀세우기
    - ▪아치 쌓기
    - ▪창대 쌓기
    - ▪창문틀 옆 대기
    - ▪공간 쌓기
    - ▪인방보, 테두리보
    - ▪백화현상
  - 쌓기
    - ▪기준틀 설치
    - ▪쌓기방법, 기간 및 인력
    - ▪모르타르강도
- 블록쌓기
  - 일반블록쌓기
  - 철근콘크리트보강블록쌓기

7. 석공사

- 재료 및 가공
  - 종류 : 판석재, 대리석, 테라조, 모조석(인조석)
  - 공사부위 : 벽, 바닥
- 석축쌓기
- 계단쌓기

8. 타일 및 테라코타 공사

- 재료, 공법, 보양 및 가공

9. 목공사

- 공법 및 재질
  - 인테리어공사
  - 지붕틀
  - 마루널
  - 창문틀
  - 홈대
  - 천장(반자)

- 내 · 외벽 수장
- 계단
- 벽체 뼈대

• 단면치수

• 보양

• 목재 저장

• 대패질 정도

• 이음 및 맞춤

• 목재의 방부, 방충처리

10. 전기공사

• 약전과 강전공사 스케줄 필요

11. 방수공사

• 공사성에 따른 방수 부위 구분
- 기초
- 지하층
- 지붕
- 욕실
- 실내수영장
- 기타

• 공법
- 아스팔트방수
- 아스팔트 모르타르방수
- 시멘트방수
- 루핑방수
- 실링공사
- 방습층 두기

12. 지붕 및 홈통공사

• 기와 종류별 잇기
- 함석평판잇기
- 함석골판잇기
- 동판잇기
- 경금속판잇기
- 본기와잇기
- 평기와 · 걸침기와 · 양기와잇기, 기타
- 석면슬레이트잇기

13. 금속공사

• 계단난간

• 격자

• 철 사다리

• 계단 논 슬립

• 펀칭 메탈

• 코너비드

• 통풍철물

• Joiner

• 맨홀

• dust shut

• 도금

• 도장

14. 미장공사

• 종류
- Cement Mortar

- 석고 plaster
- 돌로마이트 plaster
- 회반죽 바름
- 인조석바름 및 테라조 현장바름
- 흙벽
- 합석수지 바탕 바름
- 아스팔트 모르타르 바름
- 활석면 모르타르 바름

15. 온돌공사 및 굴뚝, 지붕공사

16. 창호공사

- 목재창호
- 강재창호
- 알루미늄창호
- 새시
- 특수창호
- 문(일반도어, 아코디언도어, 접문, 차폐문)

17. 유리공사

- 유리끼우기
- 유리끼우는 공사부위
- 보양 및 청소

18. 플라스틱공사

19. 도장공사

- 칠공정 및 공정상 주의 사항
- 칠 종류
    - 유성페인팅
    - 바니시 칠
    - 에나멜 페인팅
    - 투명래커 및 래커에나멜 칠
    - 알루미늄 페인팅
    - 수성 페인팅
    - 염화비닐 에나멜 칠, 아크릴 에나멜 칠(비닐 에나멜 칠)
    - 합성수지 에멀션 페인팅
    - 오일 스테인 칠
    - 무늬 칠
    - 에폭시계 에나멜 칠
    - spray용 칠
        - ▪spray paniting(유성페인팅~에폭시계 에나멜칠까지)
        - ▪치장용 Cement Spray
        - ▪사벽모양 spray

20. 수장(마감)공사

- 금속공사를 생략할 경우 금속공사는 수장공사에 포함
    - 아스팔트타일
    - 고무타일
    - 플라스틱타일
    - 리놀륨타일
- 공사부위별
    - 바닥깔기
        - ▪쪽매널
        - ▪플로어링블록

- ▪플로어링보드
- 벽공사
  - ▪Panel Board벽 붙임
  - ▪합판붙임
- 천장
- 재료별
  - 목모시멘트판류
  - 석면시멘트판류
  - 석고판류
  - 금속판류
  - 도배
  - 휘장
    - ▪커튼
    - ▪차일
    - ▪암막
    - ▪아코디언도어
  - 보온
  - 흡음
  - 절연재공사
  - 이동식 칸막이공사

21. 잡공사

- 실내시설
  - 선반, 선반장, 시렁
  - 옷걸이, 붙임장
  - 도마, 조리대
  - 카운터, 흑판, 안내판, 상황판
  - 벽난로
- 옥외시설
  - dust shut
  - 각종 duct, pit, trench
  - 환기장치
  - 변기, 욕실, 목욕조
  - 거울
  - 대문, 담장, 울타리
  - 배수공사
  - 정화조
  - 우물공사
  - 굴뚝
  - 포장공사
  - 잡시설물

22. 조경공사

- 조경공사 부위 정지작업 및 토목공사와 부대시설(설계)
- 식재
  - 종류
  - 시기
  - 가식
  - 보양
  - 이식
  - 운반
  - 전정
  - 관리
- 석공사(경관석 공사)
- 연못, 분수, 폭포

제 3 장

CPM의 기본원리

CPM의 중추는 프로젝트를 도식화(Graphic Model화)하는 데 있다. 모델의 기본형은 화살표(Arrow)이며, 각각의 화살표는 단일 공종명(Activity)으로 표현된다.

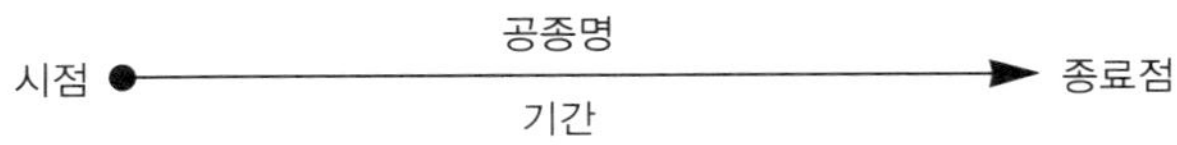

화살표 길이는 벡터(Vector)화하지 않고 작도할 수도 있고, 벡터화하여 작도할 수도 있다. 벡터화하여 작도할 수 있다는 의미는 화살표 길이를 척도화(Scale화)한다는 뜻이다.

화살표의 진행방향은 반드시 왼쪽에서 오른쪽으로 표시해야 하며, 위에서 아래로 표시할 수도 있고, 아래서 위로 표시할 수도 있다. 이때도 반드시 왼쪽에서 오른쪽으로 방향 표시가 되어야만 한다. 또한 Activity 중간에서 다른 Activity를 출발시킬 수 없으면 완료시킬 수 없다. 반드시 어떤 Activity의 시점이나 종료점에서 출발하거나 완료시켜야만 한다.

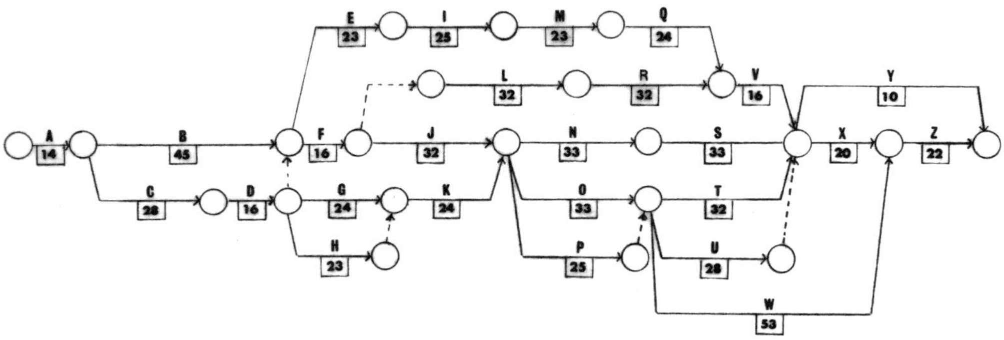

3 1 화살표 作圖(Arrow Diagram)

화살표를 연결시키는 구성 과정에서 다음의 3가지 조건을 필수적으로 고려해보아야 한다.

① 작성코자 하는 작업에 선행작업은 무엇인가?

② 이 작업과 동시작업은 무엇인가?

③ 이 작업에 후속작업은 무엇인가?

자동차의 타이어를 갈아 끼우고, 윤활유를 주입하고, 엔진오일을 교환하고, 부동액을 빼고 자동차 광을 내는 작업을 Arrow Diagram으로 작성해 보기로하자.

[작업1] 자동차의 타이어를 갈아 끼우기 위하여 '자동차 들어올리기' 작업을 한다.

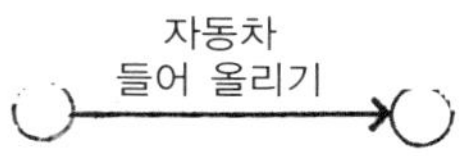

[작업1의 선행작업은?] 자동차 들어올리기 작업을 하기 이전에 선행작업으로 해야 할 일이 무엇인가를 반드시 고려해 보아야 한다. 선행작업이라고 생각되는 작업은 '타이어 너트 풀기'와 '보조 타이어 내려놓기' 등이다.

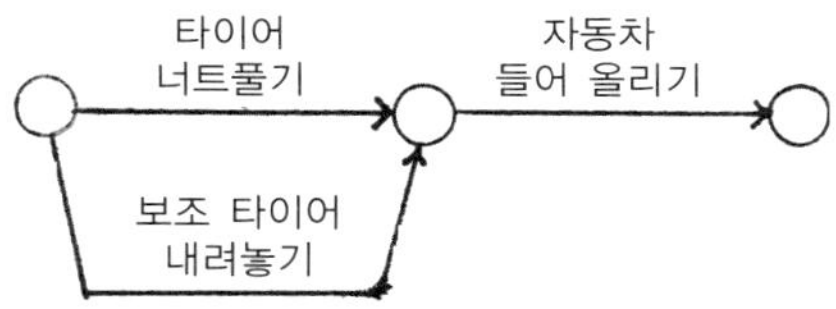

[작업2] 자동차를 들어올린 다음의 후속작업은 '타이어 갈아끼우기' 작업이다.

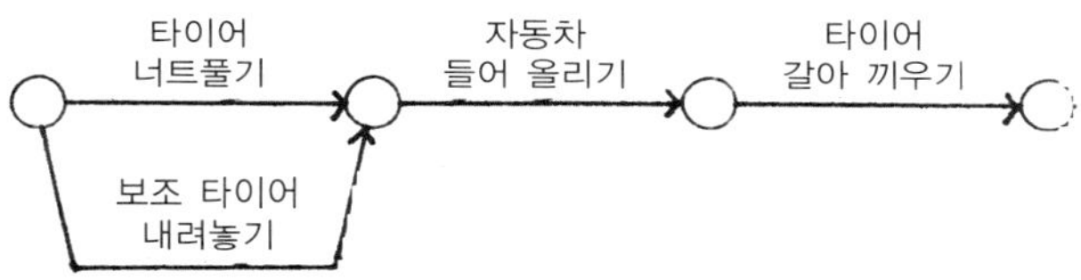

[작업2와 동시작업은?] 타이어 갈아끼우기를 하면서 동시에 작업해 볼 수 있는 작업이 무엇인가를 고려해 본다. 동시작업을 할 수 있는 것은 '윤활유 주입'과 '엔진오일 체크 및 빼기' 작업이다.

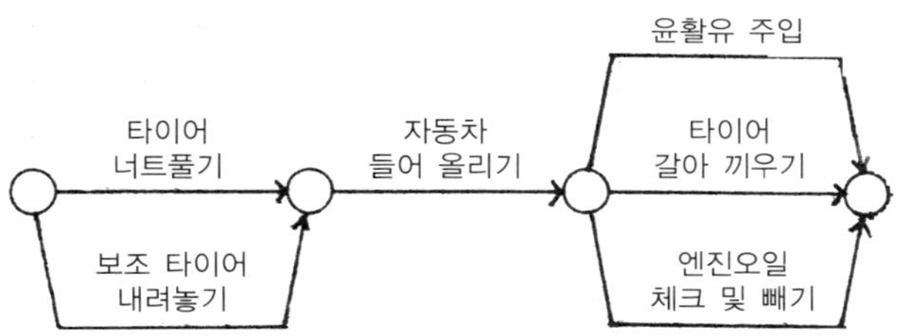

[작업3] 타이어를 갈아끼운 다음의 후속작업은 '자동차 내리기' 작업이다.

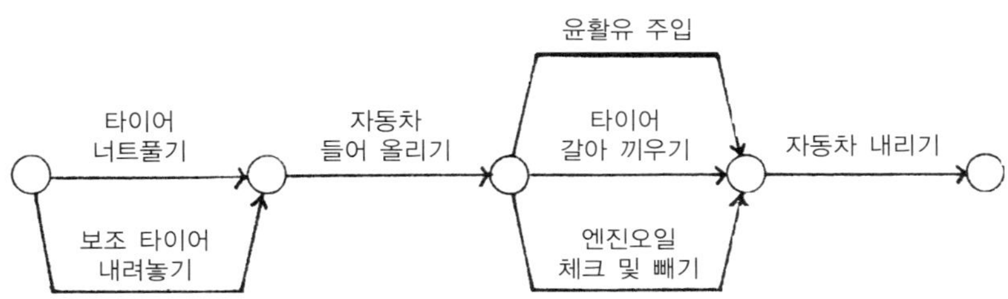

[작업4] 자동차를 내린 다음의 후속작업은 ‘교체 타이어 싣기’ 작업이다.

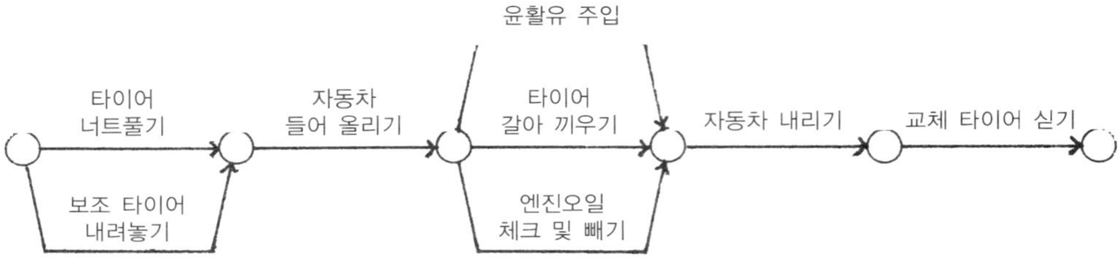

[작업4와 동시작업은?] 교체된 타이어 싣기와 동시작업은 무엇인가 고려해 보면 ‘필터 교체’ 후 ‘엔진오일 주입’ 및 ‘자동차 후드 밑 체크’, 그리고 ‘부동액 빼기’ 등을 고려해 볼 수 있다.

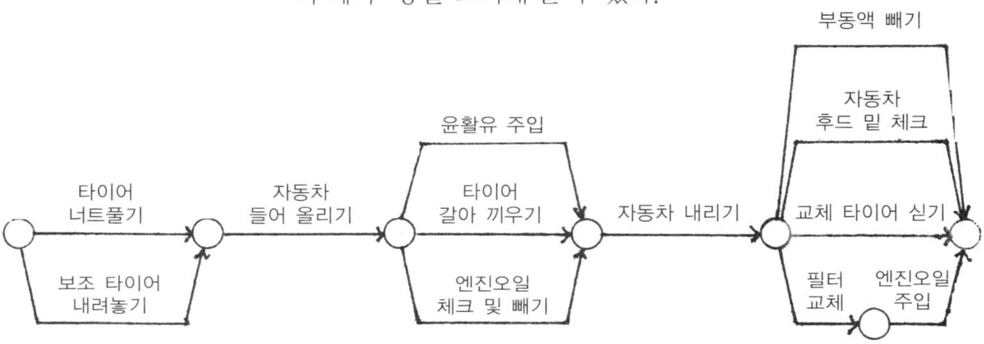

[작업5] 교체 타이어 싣기, 필터 교체 후 엔진오일 주입, 자동차 후드 밑 체크, 부동액 빼기 다음 작업은 ‘자동차 광내기’ 작업이고 이 작업으로 완료된다.

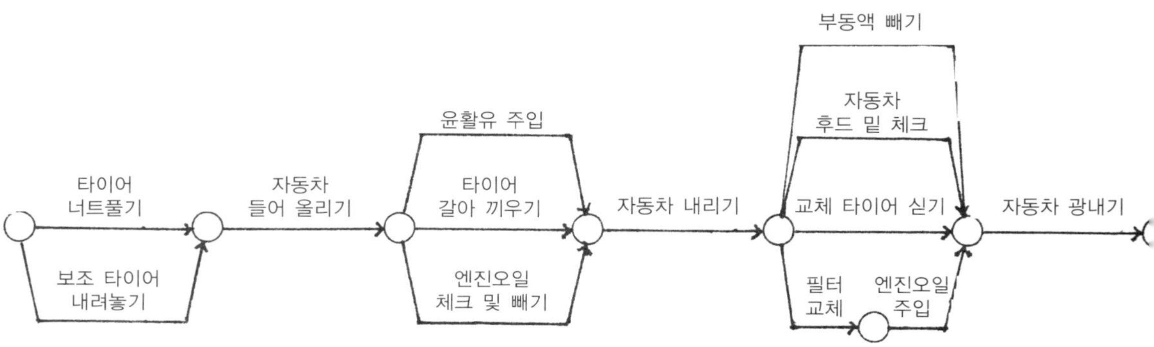

3 2 네트워크 構成 (Network Logic) 理論

Network 작성 시 유념해야 할 구성법(Logic rules)은 다음과 같다.

1. Activity A, B, C가 연속공사인 경우

2. Activity A의 후속공사가 B, C이며, B와 C가 동시공사인 경우

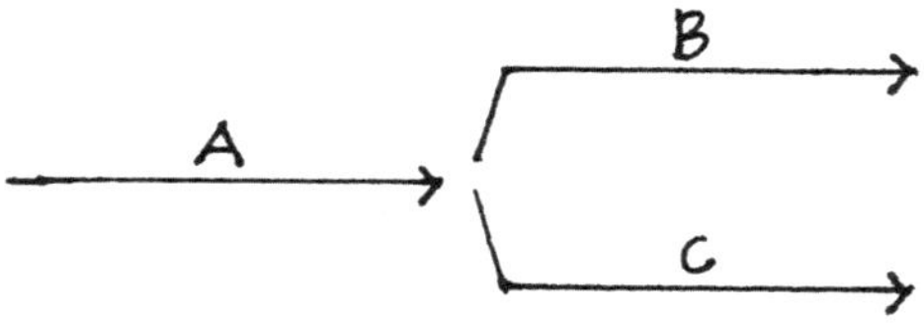

3. Activity C의 선행공사가 A, B인 경우

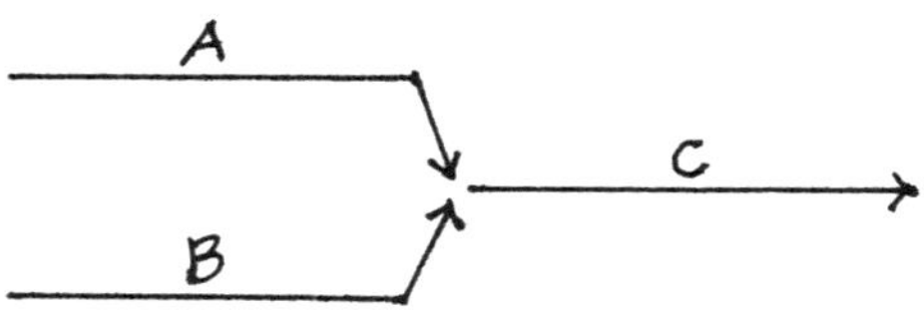

4. Activity A의 후속공사는 C이고, Activity B의 후속공사는 D일 경우에서 A와 D, B와 C가 상호 아무런 연관성이 없는 경우

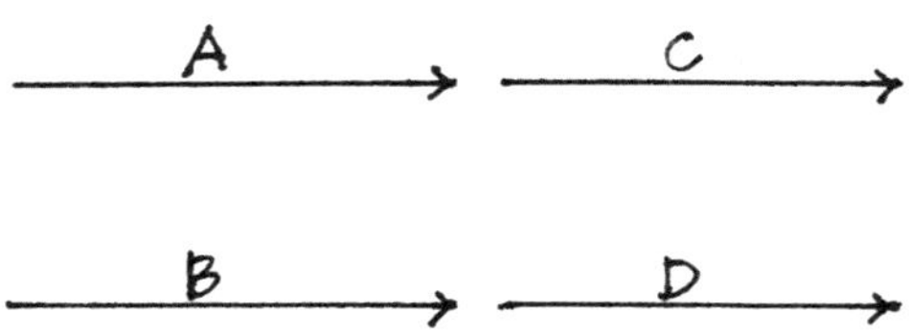

5. Activity A와 B는 동시완료공사이고, C와 D는 A, B의 후속 동시공사인 경우

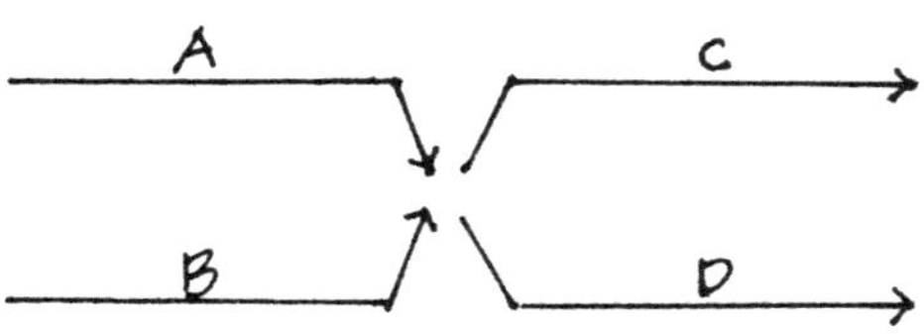

6. Activity C의 선행공사는 A, B이고, C의 후속공사가 D, E, F인 경우

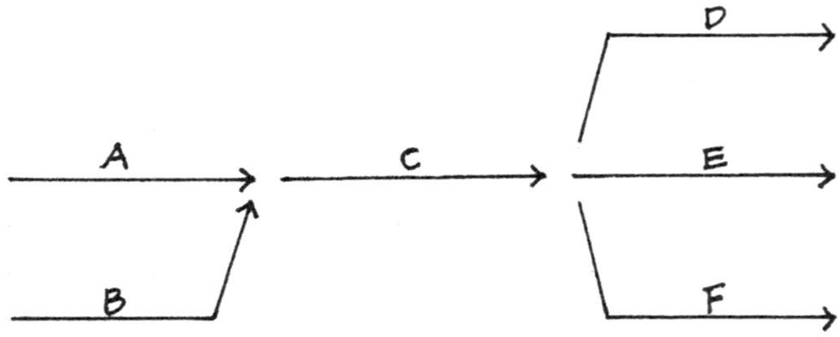

7. Activity A와 B는 연속공사이며, C는 A와 동시공사이고 B와는 동시완료공사이며, D는 B, C의 후속공사인 경우

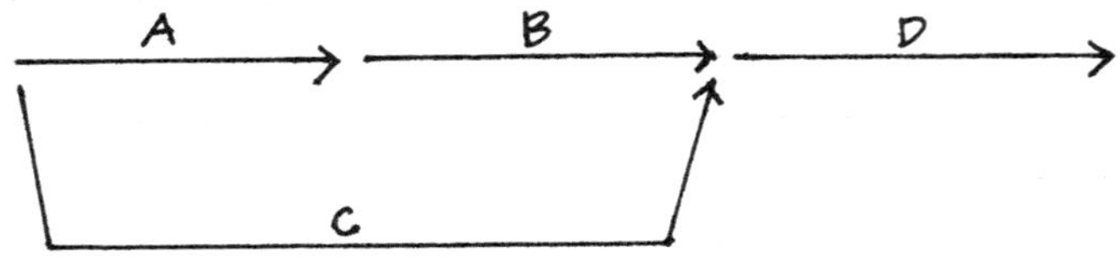

8. Activity C의 선행공사는 A이고, D의 선행공사는 B인 경우

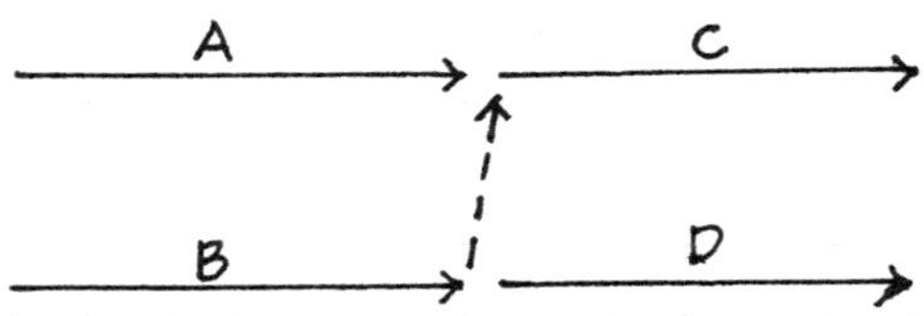

※ 여기서 점선화살표(Dummy)는 실제작업이 아니지만 네트워크 구성상 B에서 C로 연결하는 의미를 가지며, 또한 A가 완료되어 C를 착수하고자 하여도 B가 완료되지 않으면 C를 착수하지 못하도록 구속한다. 이렇게 구속성 점선화살표를 구속 더미(Restraint dummy)라고 한다. 구속 더미의 시간 개념은 0(zero)이다.

9. 다음은 두 개의 평행 체인(parallel chains)형 Activity 경우인데, 체인의 한 선은 A, B, C의 연속 Activity이고, 다른 한 선은 X, Y, Z의 연속 Activity이다. 이때 A와 X는 동시공사이고, C와 Z는 동시완료공사이다.

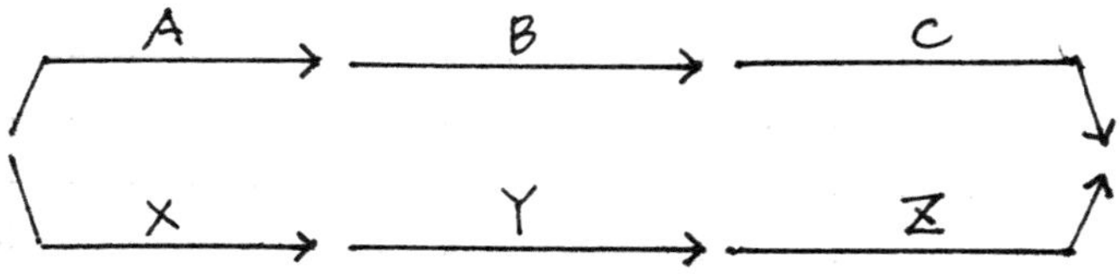

10. 상기 9항의 Network형에 다음의 Network와 같이 Activity M이 추가된 상황으로서 M은 물로 A, X와 동시공사이며, M에서 C와 Y 양쪽 모두에 Dummy를 처리함으로써 C와 Y 양쪽 모두가 M에 구속을 받는 경우

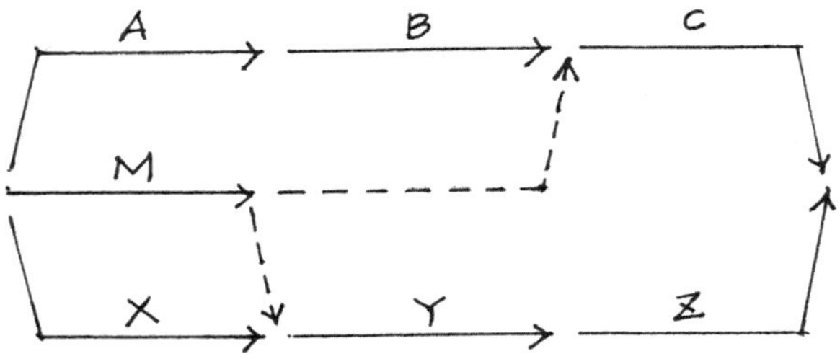

※위의 Network Logic을 좀 더 간결하게 변경하여 Diagram을 그려볼 수 없을까? 즉 C와 Y가 M에 구속을 받는 처지라면 아래의 Diagram과 같이 작도해도 위의 Network Logic과 같은 의미의 Logic이 될 것이다.

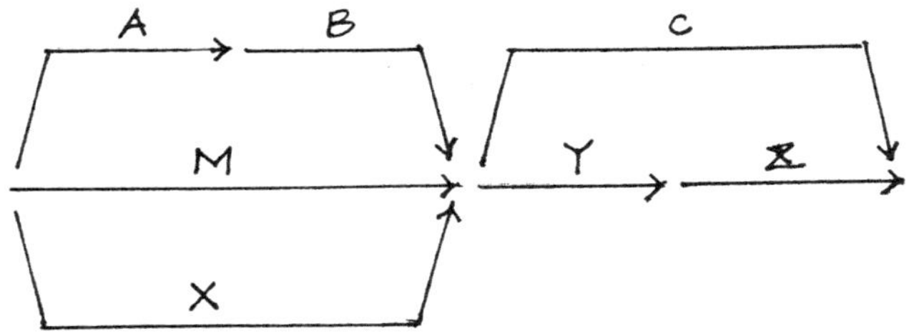

11. Activity A와 C는 동시공사이고, A의 후속공사는 B, C의 후속공사는 D이며, B와 D는 동시완료공사로서 종결을 맺는 Activity 경우인데, B는 C의 구속을 받는 경우

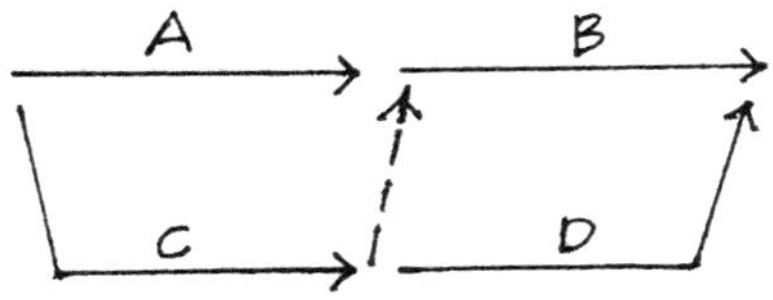

12. 상기 11항의 Network형에 아래의 Network와 같이 Activity E가 첨가되었을 경우에 구속 더미의 영향을 B만 받는다고 해석할 수도 있고 또한 B, E 양측 모두 구속받는다고 해석할 수도 있다. 이때는 후자의 해석이 타당하다.

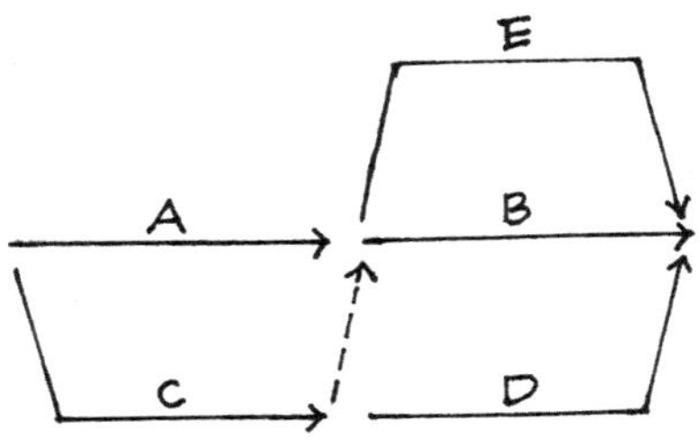

13. 상기 12항의 Network에서는 구속더미의 영향을 B, E 양측 모두 구속받는 것으로 해석하였는데, 그러면 B만 구속더미 영향을 받고, E는 구속더미와 무관하고 A의 후속공사로 표현되는 Network Logic을 작도해보면 다음과 같다.

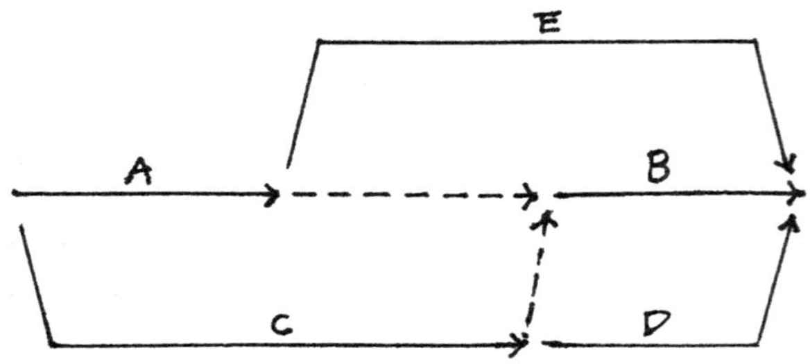

※위의 Network에서 Activity A에서 B쪽으로 Dummy로 연결하였다. 이러한 Dummy를 연결더미(Connection dummy) 또는 여유더미(Float dummy)라고 하며, Float dummy는 시간개념을 가질 수 있다. Float dummy에 여유기간을 가지도록 계획하면 이에 뒤따르는 후속공사는 여유기간 만큼 기다렸다가 공사를 진행하도록 계획된다.

14. 아래와 같은 Network Logical Rule(네트워크 구성법)은 사용해서는 안 된다. 예를 들면, Activity A, B, C, D가 연속공정이고, Activity E는 C의 후속공사이면서 B와 C가 반복되는 경우 흔히 범하기 쉬운 일이다.

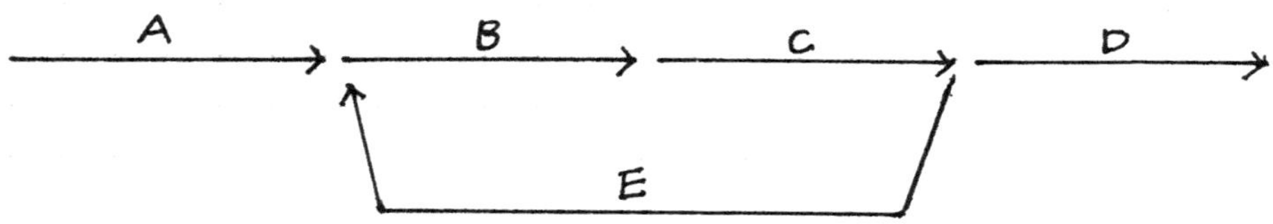

※이와 같이 Network의 B, C, E 부분을 고리형태(Logical Loop)라고 하는데, 이것은 B, C, E 공정이 계속 반복된다는 의미를 가진다. 이러한 Logical Loop를 절대로 사용해서는 안 된다.

3 3 CPM에서 이벤트번호 작성기법과 활용

1. Event와 Event Number

이벤트의 정의 및 설정

CPM 네트워크상에서 2개 이상의 화살선 액티비티가 교차 또는 분기되는 시점을 이벤트 또는 노드(event or node)라고 하며, 시간상 0(zero)의 길이이다. 그러므로 이벤트의 설정은 어떠한 액티비티라도 필요한 시점에서 분절시켜 볼 수 있는 일종의 마디표현이라고 할 수 있다.

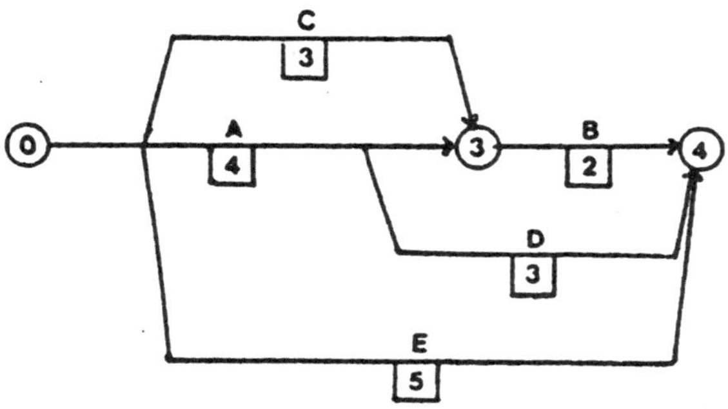

그림 3.1 A공종에서 이벤트를 설정 없이 C, D, E 액티비티의 작성이 잘못된 경우

이 마디(event/node)의 표현 모양은 어떤 모양이라도 상관 없지만 일반적으로 ○모양을 그려서 표현하게 되는데, 그리든지 안 그리든지 관계 없으나 ○모양을 그려줌으로써 액티비티에 마디 표현이 분명해지며, 이 마디(event)에서만이 액티비티를 교차 또는 분기시킬 수 있다는 것이 CPM 네트워크 로직 구성상의 절대조건이다. 다음의 그림 3.1과 같이 마디 표현이 없는 화살선 액티비티에서는 또 다른 액티비티를 교차 또는 분기시킬 수 없으며, 그림 3.2처럼 필요한 시점에 이벤트를 설정해야만 교차 내지는 분기시킬 수 있다.

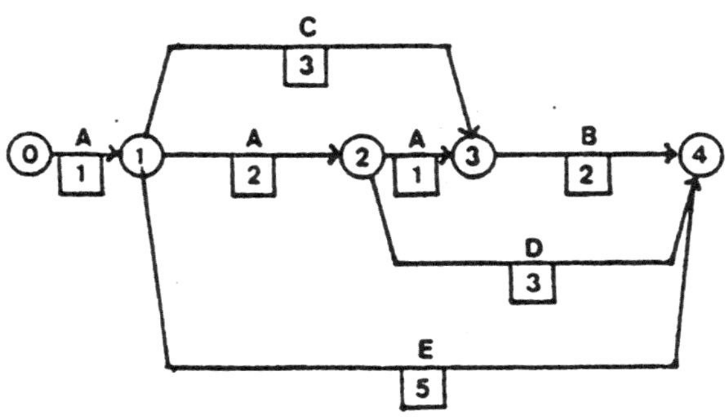

그림 3.2 A공종에 이벤트를 설정한 후 C, D, E 액티비티가 잘 수정된 경우

2. 이벤트 번호

CPM 네트워크에서 각 액티비티마다 착수시점의 이벤트(i event), 종료시점의 이벤트(j event)가 있다. 이 i-j 이벤트에 번호(숫자) 또는 부호(알파벳)를 기입함으로써 프로젝트 스케줄의 착공시점에서부터 공사 완료시점까지 각 액티비티마다 연결체계는 물론 컴퓨터에 의한 연산처리가 가능하도록 프로그래밍되어 있다. 또한 각각의 액티비티는 단독 i-j번호와 공종명을 갖도록 하고, 이벤트 번호는 같은 번호가 중복되지 않도록 하되 i < j가 되도록 하는 것이 바람직하다. 컴퓨터에서는 이벤트 번호가 i > j가 되어도 무방하나 사람은 번호나 부호가 순차적으로 되어 있는 것에 익숙하기 때문이다.

이벤트 번호 기입 시 이벤트 번호가 i < j가 되도록 기입하는 기본원칙 이외에도 CPM 네트워크 로직 구성 형식에 따라 이벤트 번호 기입 내용을 달리 활용할 수도 있다는 점과 또한 공정계획 당시부터 계획 미숙으로 인하여 누락된 액티비티가 생겼을 경우 및 공정관리 차원에서의 이벤트 추가 발생 및 이벤트 번호 기법 등을 제시함으로써 해당 프로젝트의 CPM 네트워크 스케줄 작성 시 적절한 시점에서 이벤트 설정과 이벤트 번호 기법의 활용으로 프로젝트 수행에 도움이 되는 내용과 초기 CPM 네트워크 스케줄 작성 과정과 내용이 합리적이 되도록 하는 데 목적이 있다.

3. Event Numbering 기법

이벤트 번호는 i < j가 되도록 하는 것이 바람직하지만 컴퓨터 사용 과정에서는 i < j가 되어도 무방하다고 기술한 바 있다. 이 때문에 CPM에 의한 공정관리 이용자의 대부분은 이벤트 번호를 무작위로 기입하는 경우가 많다. 이는 아마도 컴퓨터에 대한 의존도가 높기 때문에 이벤트 번호 기업에는 크게 신경 쓸 필요가 없다고 생각하기 때문이라고 사료된다. 그러나 이벤트 번호 기입에도 체계적인 규칙이 필요하며, 또한 합리적인 공정관리를 위하여 이벤트 번호 기입에 대한 활용적 테크닉도 필요하다.

지금까지 체계적으로 이벤트 번호를 기입하는 방법으로는 수평적 이벤트 번호 기법(horizontal event numbering)과 수직식 이벤트 번호 기법(vertical event numbering)의 두 가지 방법을 주로 사용하였다.

(1) 수평식 이벤트 번호 기법

수평식 이벤트 번호 기법은 그림 3.3과 같이 처음의 착수 이벤트에서부터 이벤트 번호를 넣기 시작하여 제일 위쪽에서부터 이벤트가 나오는 차례대로 이벤트 번호를 기입하되 교차 이벤트(junction event) 앞까지 계속하고 그 다음 줄의 순서대로 이벤트 번호를 넣은 후, 교차 이벤트에 맺음번호를 넣는 방법이다.

CPM 네트워크의 구성 형식은 처음부터 공정계획 내용과 관리 방법에 따라 다양하게 스케줄이 구성된다. 그러므로 수평식 이벤트 번호 기법이 모든 CPM 네트워크의 이벤트 번호 기법에 합당한 기법인지는 분석해 볼 필요가 있다. 다음 그림 3.5의 CPM 네트워크는 그림 3.4의 바차트 스케줄 내용 그대로를 단위공종별로 CPM 네트워크 형식에 수평식 이벤트 번호기법으로 이벤트 번호를 넣게 되면 단위공종별마다 i-j 번호가 순차적으로 기입됨으로써 CPM 네트워크상에서 같은 공종을 손쉽게 찾아볼 수 있고, 또한 이벤트 번호 순서대로 나열되어 있어 진도관리 시에나 그림 3.3이나 그림 3.6과 같은 CPM 네트워크 구성 형식에는 수평식 이벤트 번호 기법을 적용하여 불합리한 것을 볼 수 있다.

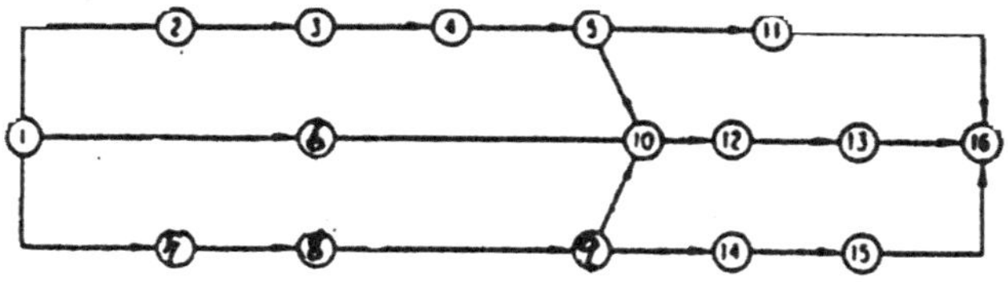

그림 3.3 수평식 이벤트번호 기법의 일예

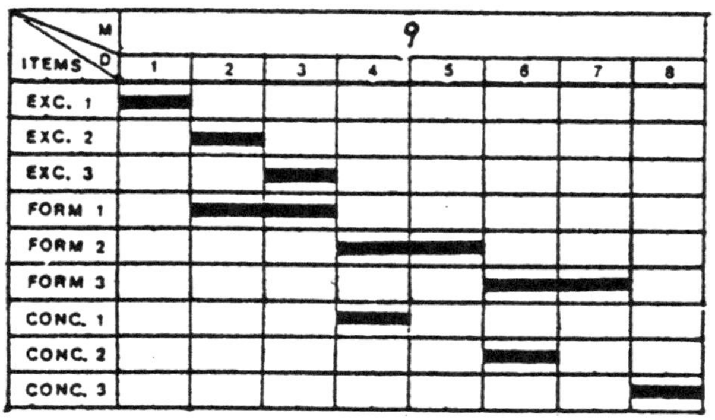

그림 3.4 Bar Chart Schedule

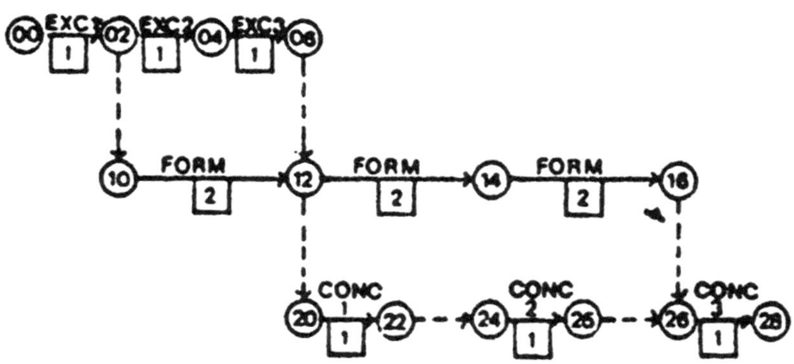

그림 3.5 Horizontal Event Numbering기법적용에 적합한 CPM Network 구성형식

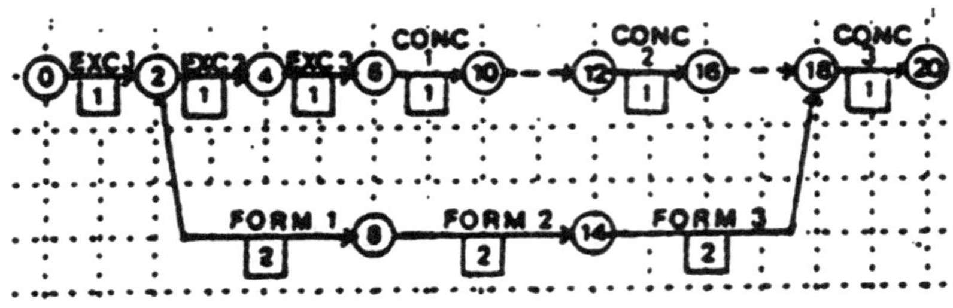

그림 3.6 Horizontal Event Numbering기법적용에는 적합한 CPM Network 구성형식

(2) 수직식 이벤트 번호 기법

수직식 이벤트 번호 기법은 그림 3.7과 같이 처음 착수 이벤트에서부터 번호를 넣기 시작하여 완료 이벤트에 이르기까지 CPM 네트워크의 전체 스케줄을 수직적으로 이벤트가 먼저 나오는 차례대로 이벤트 번호를 부여하는 방법이다.

이 수직식 이벤트 번호 기법은 공사가 진행되는 방향으로 수직식으로 이벤트 번호를 부여했기 때문에 수많은 공종이 복합적으로 공사 진행이 되어도 CPM 네트워크상에서 이벤트 번호가 i-j가 되도록 함으로써 각 공종마다 상호관계가 이벤트 번호 순서대로 표현되며, 또한 EST별로 표현되기 마련이다.

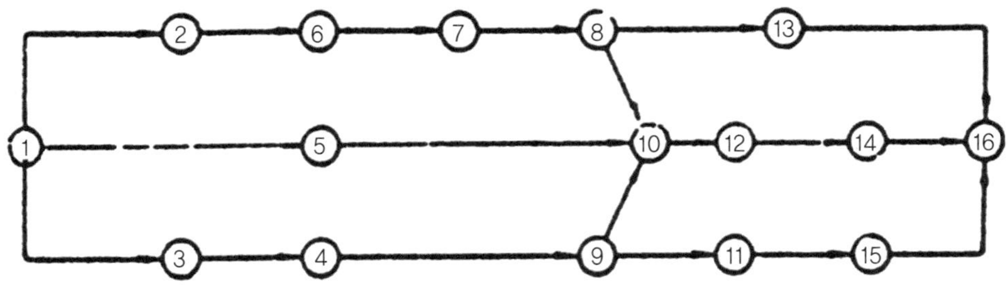

그림 3.7 수직식 이벤트 번호기법의 일예

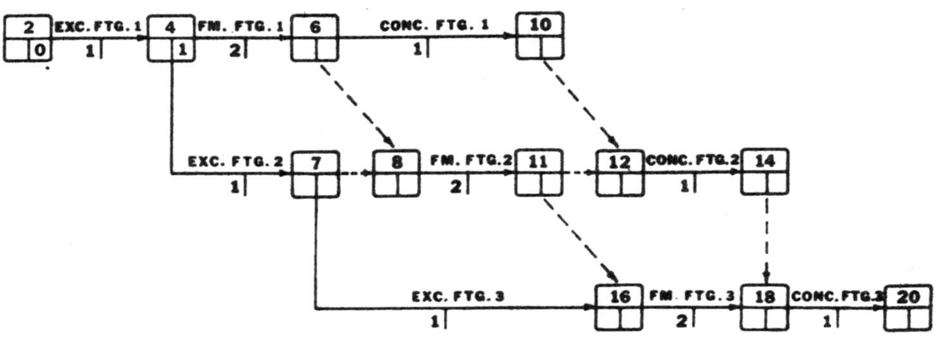

그림 3.8 Non Scaled CPM의 일례

앞의 그림 3.8은 액티비티 길이가 비척도화되어 작성된 CPM 네트워크이며, 그림 3.5와 3.6은 액티비티 길이를 척도화하여 작도한 CPM 네트워크 스케줄과 같은 내용이다.

이를 서로 비교 · 분석해 보면 척도화하여 작도된 CPM 네트워크는 일단 이해하기 쉬울 뿐만 아니라 이벤트 번호 또한 i < j 별로 기입되고, 각 공종이 EST별로 틀림없이 표현된다. 이와 같이 척도화하여 작도한 앞의 그림 3.9에서 살펴보면 더욱 이해가 분명해질 것이다. 따라서 위에 제시된 2가지 이벤트 번호 기법과 CPM 네트워크 구성시에는 액티비티 길이를 척도화(time scaled)하여 작도하는 것이 바람직하며, 비척도(non scaled)로 작도한 것과 비교해 보면 다음 표 3.1과 같이 분석할 수 있다.

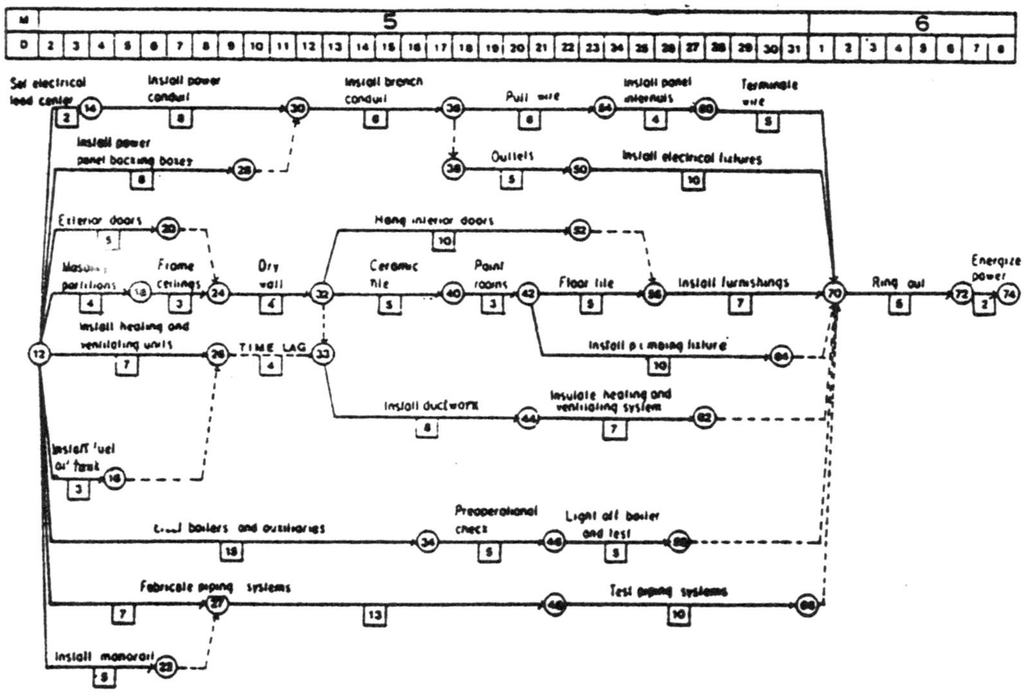

그림 3.9 Arrow Activity를 Vector화(Time Scaled)하여 작도한 CPM Netwrok

표 3.1 Non Scaled CPM과 Scaled CPM의 차이점에 대한 비교 분석

구분 \ CPM형식	Non Scaled CPM	Scaled CPM
Activity 길이	1. Activity 길이가 non Scaled이다. 2. 따라서 작성도 길이를 짧게 작도할 수 있다.	1. Activity의 길이가 time-Scaled이다. 2. 작성도 길이가 길어진다.
구성방법	3. logic 구성이 그림 4.6과 같이 rough한 CPM으로 작성되기 쉽고, 이를 그림 4.9와 같이 다시 rearranged CPM으로 재구성하기가 쉽지 않으며, 시간적 손실도 크다. 4. 체계적인 공종 분류가 쉽지 않아 logic 구성이 rough하게 될 수밖에 없으며, 따라서 logic loop가 생기기 쉽다.	3. 그림 6.3과 같이 Bar chart 양식을 통하여 공종분류를 체계적으로 분류하고, Bar Activity를 작도한 후, 이를 그림 6.4와 같이 CPM networklogic을 구성하게 되면 편리하다. 4. 체계적인 공종분류 과정은 Bar chart상에서 이미 분류한 후 이를 network logic 구성을 하기 때문에 logic loop가 생기지 않는다.
공정관리차원	5. Computer를 사용하지 않고는 일정관리를 할 수 없다. 6. 공정관리 실무자에 의한 의존도가 높다.	5. Computer를 사용하지 않아도 그림 6.8과 같이 network 상단에 작성된 캘린더에 의하여 각 공종마다의 착수일과 종료일을 한눈에 파악할 수 있다. 6. CPM Schedule이 Vector화되어 있으므로 공정관리 실무자와 기술진 간에 차질공정에 관한 의견차를 일원화시킬 수 있다.
Logic구성상 장 · 단점	7. 총 공사기간 및 critical path는 컴퓨터를 사용해야만 알 수 있다. 8. event i-j 번호가 공사 순서별(EST별)로 작성되지 않는다. 9. 요구되는 공사일정에 맞추어 누락 Activity를 삽입하기 곤란하다. 10. 역공정계획 시 애로점이 크다. 11. Man power(인력관리)계획이 어렵다. 12. 진도관리 및 기성관리 하기가 불편하다. 13. 공기 단축 조정이 어렵다.	7. 총 공사기간 및 critical path는 캘린더가 작성되어 있으므로 한눈에 파악할 수 있다. 8. event i-j번호가 공사순서별(EST별)로 작성된다. 9. 누락 Activity의 삽입이 용이하다. 10. 역공정계획시에 편리하다. 11. Man power계획이 용이하다. 12. 진도관리 및 기성관리하기에 용이하다. 13. 공기 단축하기에 용이하다.

3 4 Event Numbering 기법

1. Computation Event(Node의 계산)

프로젝트의 준공까지 요구되는 소요기간 결정을 위해 각 Activity는 작업이 완성되는 시기까지, 즉 시간단위, 날짜단위, 또는 월단위로 소요기간을 결정하여야 한다. Activity의 소요기간 설정방법은 제3장에서 광범위하게 취급했으며, 소요기간 계산은 제2장에서 취급했다.

그림 3.10(a)나 (b)와 같이 2가지 형식으로 Event(=Node) 계산을 한다. 2가지 형식 모두 사용하기에 같은 목적과 형식으로서 알맞은 방식을 선택하여 사용한다.

소요기간은 화살표 중앙에서 수직선 왼쪽의 Activity 아래 위치에 기입한다. 그리고 LF(Late Finish), ES(Early Start) 기입 위치는 그림 3.10(a), (b)와 같으며 두 형식 모두 그 결과는 같다.

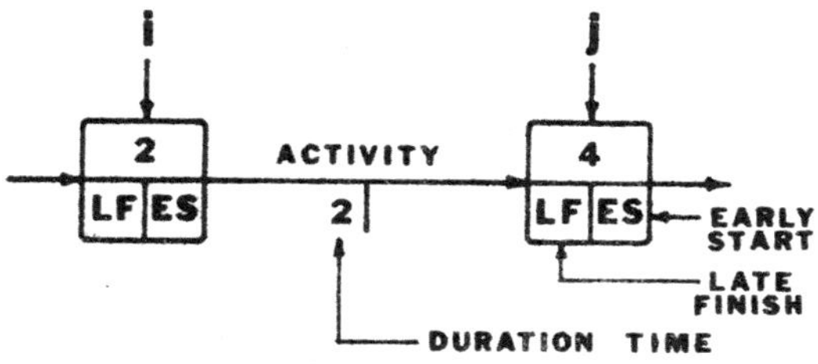

그림 3.10 (a)

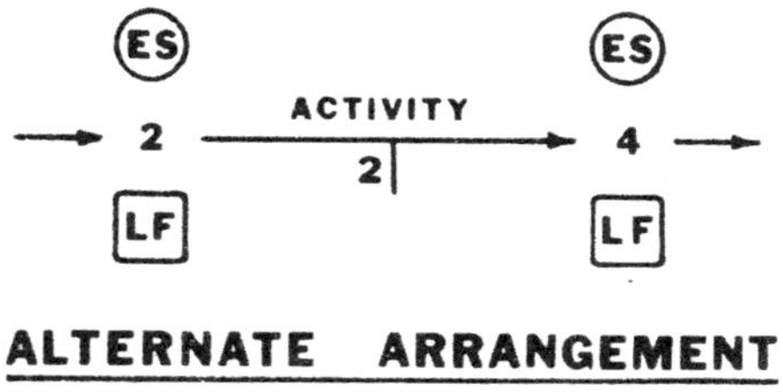

그림 3.10 (b)

2. The Forward Pass(前進計算法)

프로젝트를 완료하기 위한 최소 일정 판별은 네트워크상 소요기간을 전진하며 가산한다. 만약 두 개 이상의 Activity 결합점이 있을 경우 'E-S' 란에 가장 큰 합계의 값을 취하며, 이는 후속 Activity의 ES가 된다.

예 : 저녁식사를 준비하는 데 감자구이 1시간, 강낭콩 요리 1/6시간, 로스구이 2시간이 소요된다면 저녁식사를 위해 로스구이가 준비되는 2시간 동안은 기다릴 수밖에 없다.

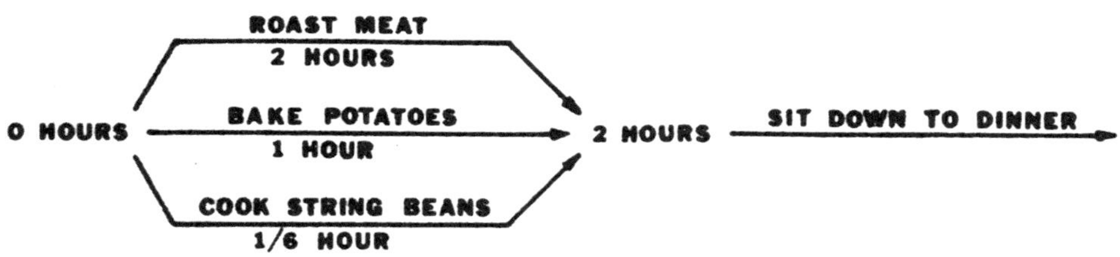

그림 3.11

작업소요기간을 계산하기 위해 첫 번째 란에는 0을 기입한다. 우리는 일상적으로 작업의 착수 당일을 1일이라고 생각하기 때문에 착수 일정을 0으로 사용할 경우 가끔 혼돈하기 쉽다. 전진계산법으로 작성한 후, 최종 Activity를 계산하면 공정 완성을 위한 일정이라고 볼 수는 없지만 어떤 후속공사의 착수일이 되는 것이다. 차트 상에서 보이는 ES는 실제로 새로운 Activity가 출발하기 이전에 완료된 작업일수이다. 그림 3.12(a)를 참조하면, 0는 Node 2의 i에 있는 ES란에 있다. 0는 다시 Node 4의 j에 있는 ES란에 Activity 일정을 가산한 일수를 기입한다. 그림 3.12(b)에서 (d)까지는 전진계산법을 이용하여 단계적으로 가산하여 ES를 완성하였다.

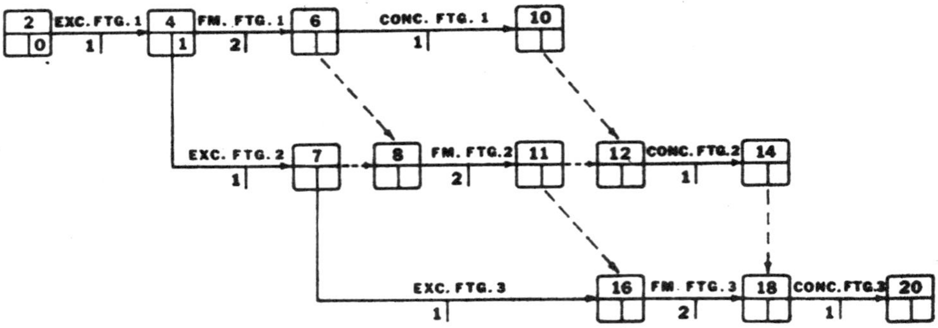

i	j	ES(i)	+	DUR	=	ES(j)
2	4	0	+	1	=	1

그림 3.12 (a)

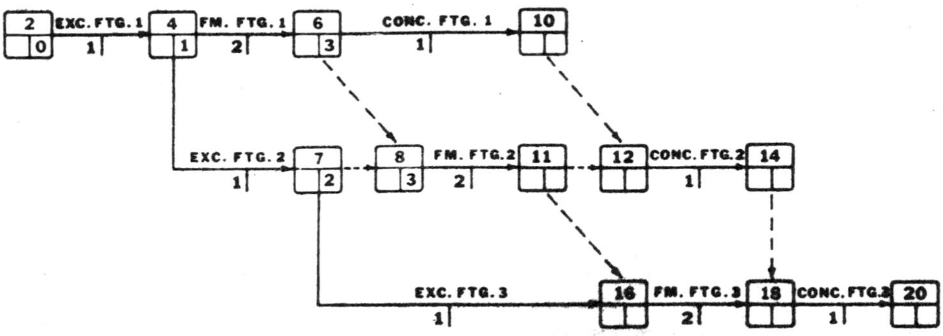

i	j	ES(i)	+	DUR	=	ES(j)
4	6	1	+	2	=	3
4	7	1	+	1	=	2
6	8	3	+	0	=	3
7	8	2	+	0	=	2
	8	(3>2)			이므로	3

그림 3.12 (b)

2개 혹은 그 이상의 Activity가 한 접합점에서 끝나게 될 때는 ES란에 보다 큰 숫자의 합을 기입한다.

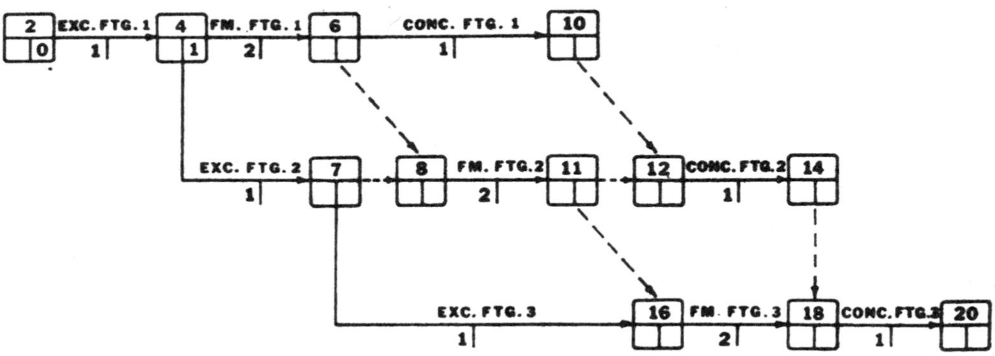

i	j	ES(i)	+	DUR	=	ES(j)
6	10	3	+	1	=	4
8	11	3	+	2	=	5
7	16	2	+	1	=	3
11	16	5	+	0	=	5
	16	(5>3)			이므로	5
10	12	4	+	0	=	4
11	12	5	+	0	=	5
	12	(5>4)			이므로	5

그림 3.12 (c)

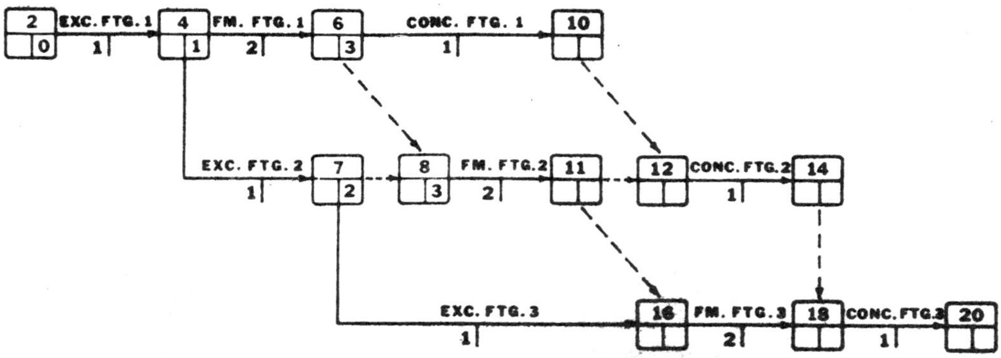

그림 3.12 (d)

i	j	ES(i)	+	DUR	=	ES(j)
12	14	5	+	1	=	6
16	18	5	+	2	=	7
14	18	6	+	0	=	6
	18	(7>6)			이므로	7
18	20	7	+	1	=	8

Node 20의 'j' 난에 8이라는 소요기간(시간 또는 일수)은 보는 바와 같고, 이 프로젝트의 로직구성과 소요기간 완성은 네트워크상에서 볼 수 있다. 이 네트워크는 0에서 시작하여 8로 끝났다. 따라서 8이라는 숫자는 프로젝트에서 'LF' (Latest Finish)가 되는 것이다.

Node 20의 'j' 에서 'LF' 에 있는 8일을 기준으로 설정하고 각 Activity의 'LF' 를 네트워크상에서 역진계산법으로 계산한다. 역진계산법은 전진계산을 역으로 혹은 소요기간을 역으로 빼면 된다.

결합점에 화살표가 두 개 이상 있을 경우 LF란에 가장 작은 수를 택하여 기록한다.

3. The Backward Pass(逆進計算法)

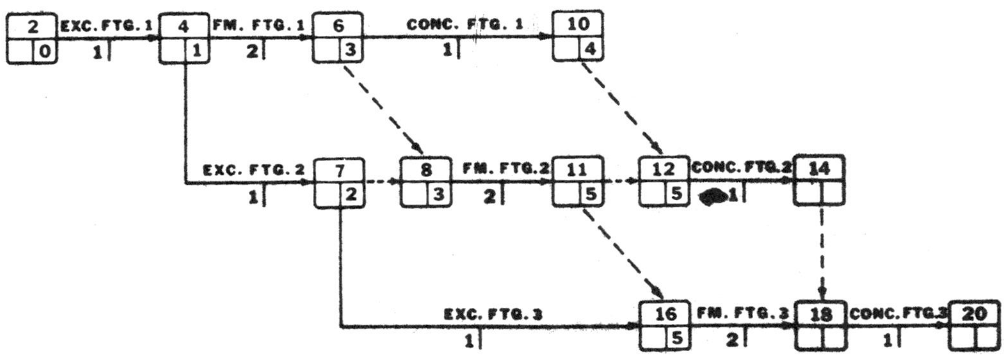

그림 3.13 (a)

[1]

i	j	LF(j)	−	DUR	=	LF(i)
20	18	8	−	1	=	7

1) 마지막 Activity에서는 E. S와 L. F가 같다.

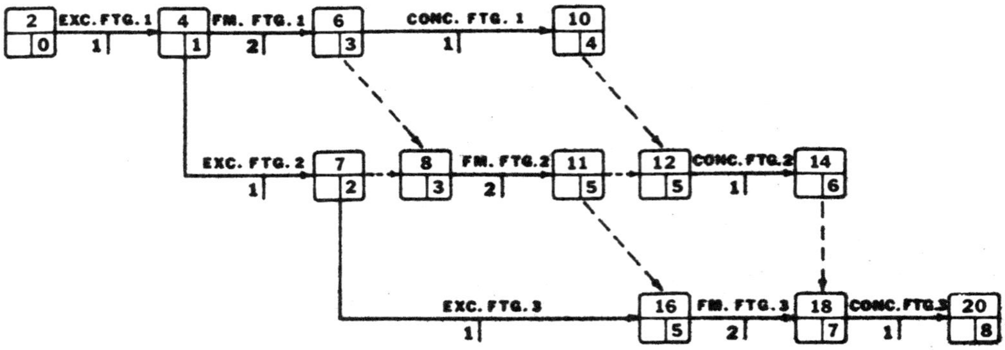

j	i	LF(j)	−	DUR	=	LF(i)
18	14	7	−	0	=	7
18	16	7	−	2	=	5
14	12	7	−	1	=	6
12	11	6	−	0	=	6
16	11	5	−	0	=	5
	11	(5>6)			이므로	5

그림 3.13 (b)

화살표의 꼬리(뒷부분)가 2개 또는 그 이상이 하나의 접합점에서 끝날 때 L.F란에는 보다 작은 수를 기입한다.

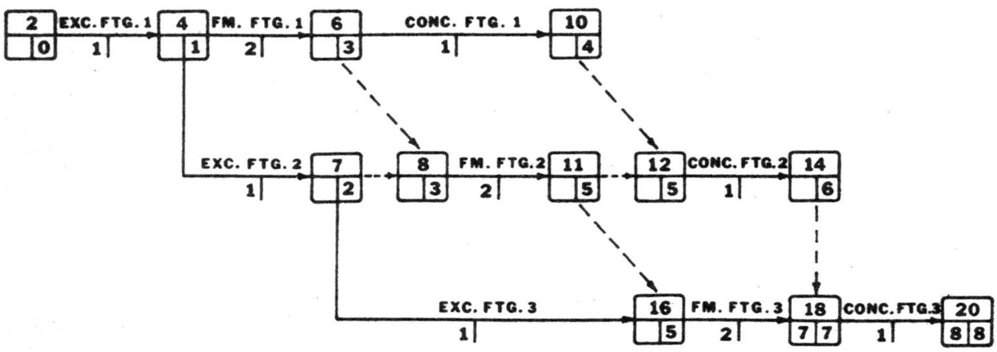

그림 3.13 (c)

j	i	LF(j)	−	DUR	=	LF(i)
12	10	6	−	0	=	6
11	8	5	−	2	=	3
10	6	6	−	1	=	5
8	6	3	−	0	=	3
	6	(3<5)			이므로	3
16	7	5	−	1	=	4
8	7	3	−	0	=	3
	7	(3<4)			이므로	3
7	4	3	−	1	=	2
6	4	3	−	2	=	1
	4	(1<2)			이므로	1
4	2	1	−	1	=	0

역진계산이 완성되면, 프로젝트 0일정으로 되돌아오게 되며, 그래야만 이 계산은 정확한 것이다. 프로젝트 착수시점으로 되돌아오는 마지막 경로가 출발 Activity이면 모두 0이 되어야 한다. 최초와 최종 Node 계산에서 ES와 LF는 소요시간이 동일해야 한다.

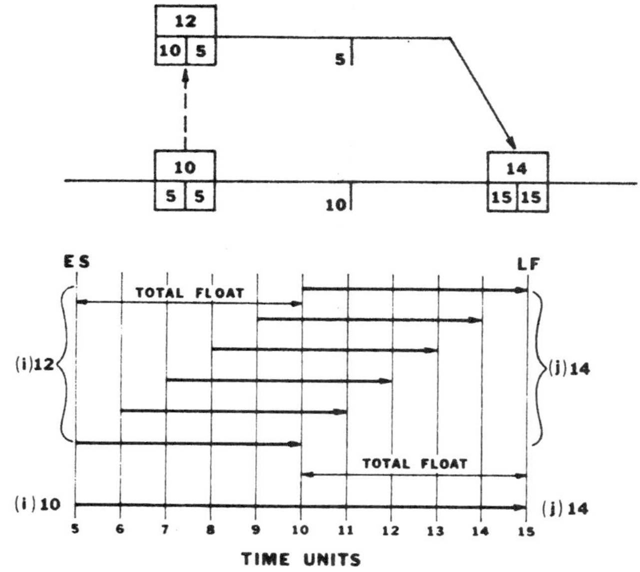

그림 3.13 (d)

그림 3.13(c)에서 각 Node '2', '4', '6', '8', '11', '16', '18', '20' 의 ES와 LF소요기간은 같으며, 각 Node '7', '10', '12', '14' 의 ES와 LF소요기간은 차이가 난다. 이 차이점은 공통 Node에서 종결되는 Activity의 소요기간이 같지 않을 때 생긴다. 그림 3.13(d)에서 소요기간이 다른 Node와 ES 및 LF의 기간 척도를 가진 Activity를 볼 수 있다. 이렇게 소요기간이 다른 것을 Total Float라고 부른다.

4. Total Float(總 餘裕其間)

Total Float는 프로젝트의 총 소요기간을 변동하지 않는 상태에서 지연시킬 수 있는 Activity의 착수시점(start time) 소요기간을 말한다. Total Float값을 구하는 공식은 다음과 같다.

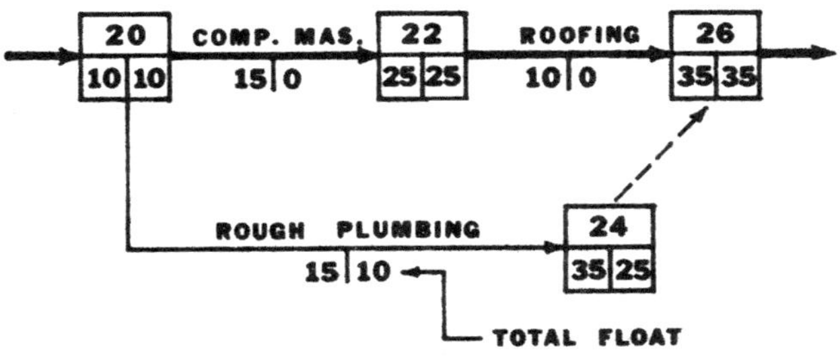

그림 3.14 (a)

그림 3.14(a)에서 설비배관은 10일~20일 사이에 착수할 수 있고, LF 또는 조적공사 및 지붕공사 기간 35일에 영향을 미치지 않는다. 상기 공식에 적용해 보면, 설비공사에서 여유기간(Float time)은 10일이 된다.

TF = LF − (ES + 공사기일)　　　TF = 35 − (10 + 15) = 10

모든 ES, LF란과 Node는 그림 3.14에서 보는 바와 같으며, 여유기간은 Activity Node 24에서 LF−ES도 계산된다. 그러나 네트워크 그림 3.14(b)에서 보는 바와 같이 여유기간은 공식에 적용시켜 계산해야 한다.

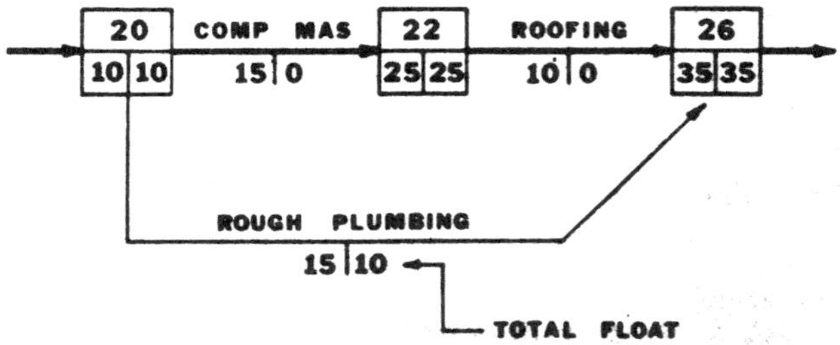

그림 3.14 (b)

기초공사 공정에 대한 Total Float(TF) 계산은 다음의 네트워크에서 보는 바와 같다. 이 TF는 소요일정의 오른쪽에 표기한다.

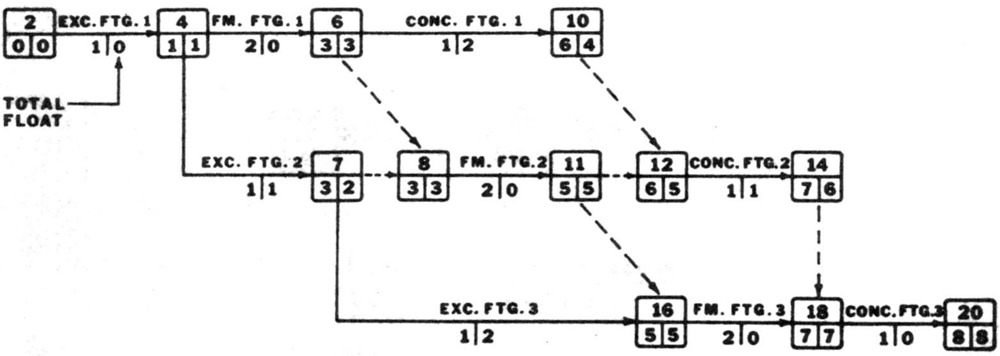

2)

i	j	LF	−	(ES+DUR)	=	TF
2	4	1	−	(0+1)	=	0
4	6	3	−	(1+2)	=	0
4	7	3	−	(1+1)	=	1
6	10	6	−	(3+1)	=	2
7	16	5	−	(2+1)	=	2
8	11	5	−	(3+2)	=	0
16	18	7	−	(5+2)	=	0
12	14	7	−	(5+1)	=	1
18	20	8	−	(7+1)	=	0

그림 3.15

2) Total Float는 수많은 Activity의 묶이라고 할 수 있으며, TF는 일련으로 이어져 있고 다른 Activity나 Dummy에 방해를 받지 않는다.

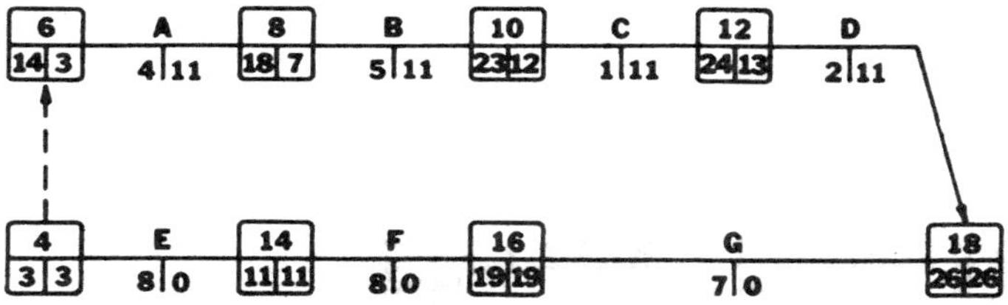

그림 3.16 (a)

네트워크상에서 일련으로 된 각 Activity나 한 선상에 있는 각 Activity는 같은 여유기간의 TF가 된다.

11일의 여유기간을 'A' Activity에서 이미 사용했다면 일련의 'B', 'C', 'D' Activity는 여유기간(Float)을 갖지 못하게 되는 것이다. 따라서 그림 3.16(a) 상에 여유기간이 0인 각 Activity는 최장공기가 되는 것이며, Activity 'A' 에서 여유기간 11일 중 4일만 사용하였다면 나머지 일련의 Activity는 7일의 여유기간만을 갖게 된다.

5. Free Float

자유 여유기간이나 독립 여유기간은 한 Activity의 EF와 직접적인 다음의 가장 빠른 ES 사이에 차이가 나는 여유기간이다. 그림 3.16(b)를 참조하라. Activity 'G' 는 TF가 13일이며, Activity 'H' 에 연속된 일련의 Activity TF는 11일이므로 2일의 여유가 남게 된다. 따라서 Activity 'H' 의 자유 여유기간은 2일이 된다.

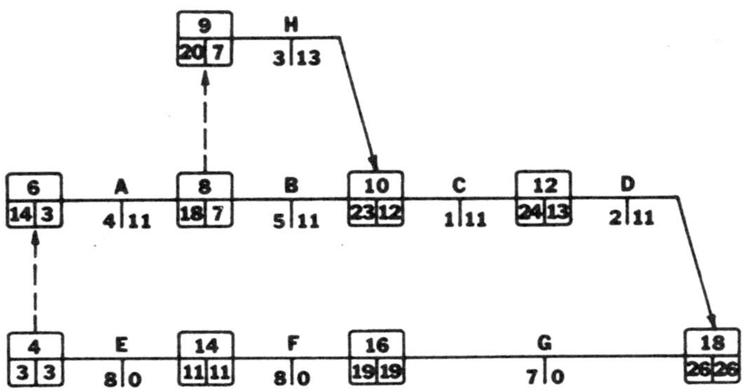

그림 3.16 (b)

Activity 'H' Early Start = 7
Duration = + 3
Early Finish = 10

'H' 의 EF는 ES 7일에 소요시간 3일을 더한 것이다.

Early Start 'C' = 12
Early Finish 'H' = −10
Free Float = 2

3 5 CPM Network 구성체계와 Event Numbering 활용

해당 프로젝트의 스케줄 내용이 공정관리상 적절한 표현이 되도록 CPM 네트워크 로직 구성이 되어야만 한다. 이렇게 하기 위해서는 해당 프로젝트에 합당한 공정계획이 선행 수립되어야 하며, 일차적으로 CPM 네트워크 구성형식이 스케줄 내용에 부합되는지 여부는 물론 구성형식에 따라 이벤트의 발생과 이벤트 번호 기입 시 이벤트 번호가 순차적이 아닌 띄어쓰기 등의 활용성 때문에도 공정관리상의 그 효율성을 좌우하게 된다.

1. CPM Network 구성상의 내용

다음의 그림 3.17 바차트를 예를 들어 CPM 네트워크로 구성시켜 보면, 일반적으로 그림 3.18과 3.19와 같이 구성하기 쉽다. 이 그림 3.18과 3.19를 살펴보면 그림 3.17의 바차트 스케줄 내용과 똑같지 않음을 파악할 수 있다. 그림 3.17에서의 바차트 스케줄 내용은 A공종의 착수일 및 종료일이 '15.9.4~'15.9.9이며, B공종은 '15.9.5~ '15.9.6, 그리고 C공종은 '15.9.8~ '15.9.9로 소요기간이 주어져 있는 반면에 CPM 네트워크로 구성된 그림 3.18, 3.19는 네트워크 구성형식이 다르지만 서로의 스케줄 내용은 거의 같다고 볼 수 있다. 즉 양 스케줄의 내용은 A공종 소요기간 6일 동안에 B와 C공종은 각각 2일 간의 소요기간으로 공사를 완료시키면 되지 않느냐는 뜻으로 구성된 CPM 네트워크라고 할 수 있으며, 따라서 바차트의 B, C공종의 착수시점만이 다르게 표현되었음을 알 수 있다. 그러면 그림 3.17의 바차트 내용과 똑같은 내용

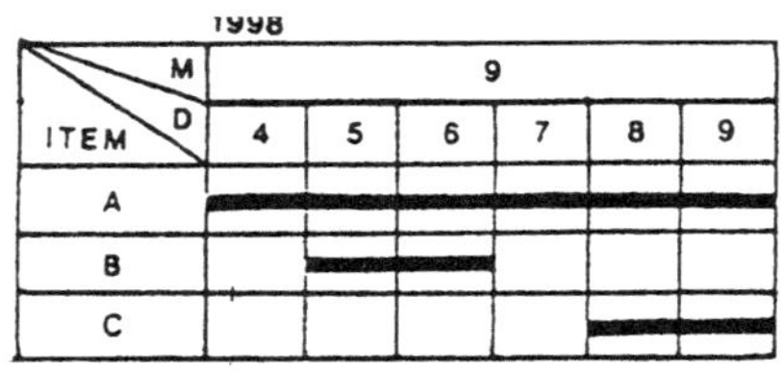

그림 3.17 Bar Chart Schedule

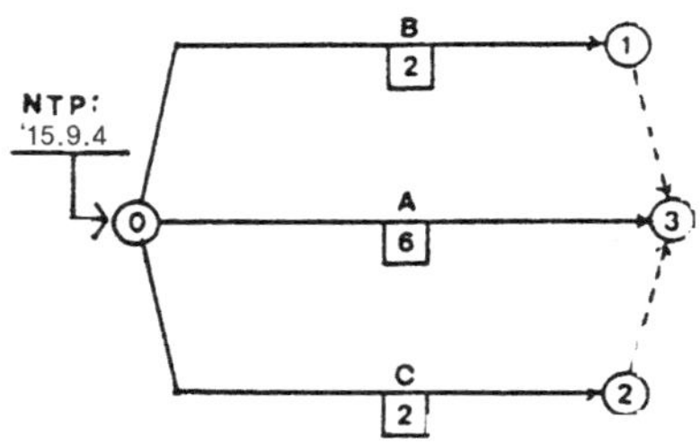

그림 3.18 그림 3.17 Bar Chart를 CPM으로 구성한 예1

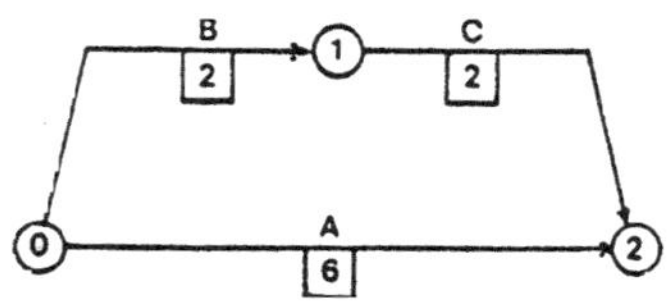

그림 3.19 그림 3.17 Bar Chart를 CPM으로 구성한 예2

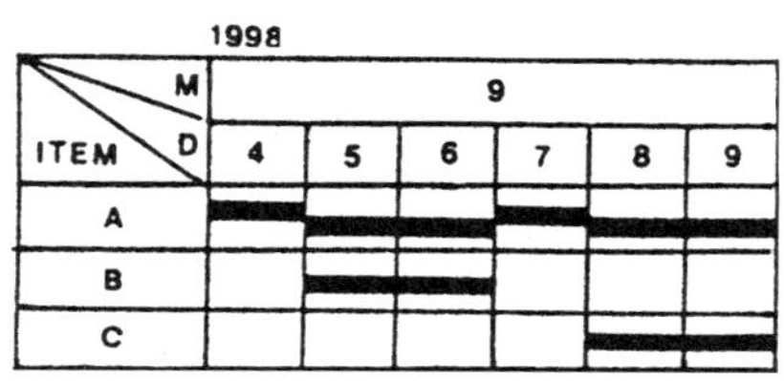

그림 3.20 그림 3.17 Bar Chart의 변형 일례

의 CPM 네트워크를 구성해 볼 수 있는 방법을 연구해 볼 필요가 있다.

따라서 그림 3.17의 바차트를 그림 3.20의 바차트와 같이 B와 C공종을 연결시킬 수 있도록 A공종 막대 액티비티(bar activity)에 요철(zigzag) 모양의 마디를 표현해줌으로써 그림 3.21과 같은 CPM 네트워크로 구성해 볼 수 있으며, 또한 모든 액티비티가 최장공정(critical path, 주공정)으로 구성되었음을 알 수 있을 뿐만 아니라 이러한 CPM 네트워크 구성기법은 촉진시공이 요구되는 스케줄 작성시 흔히 쓰이는 기법이다.

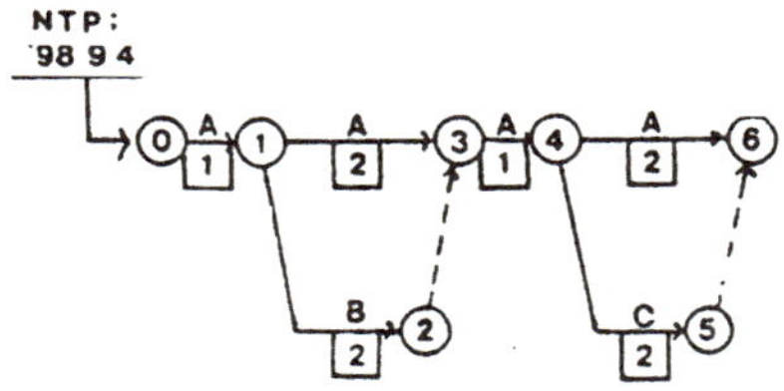

그림 3.21 그림 3.20 Bar Chart와 동일 내용으로 구성된 CPM Network의 일례

2. 이벤트 번호 띄어쓰기와 활용

이벤트 번호 기입은 해당 프로젝트 CPM 네트워크 스케줄 작성을 일단 완성한 후에 이벤트 번호를 기입하게 되는데 일반적으로 이벤트 번호가 i<j가 되도록 함은 물론 번호를 순차적으로 기입하되 같은 번호를 중복 사용할 수 없게 되어 있다. 그러나 이 조건에 부합되도록 하면 완벽한 공정 스케줄이 작성되어야 한다. 그렇지만 완벽한 공정 스케줄 작성이란 기대하기 어려운 것이다. 따라서 다음과 같은 예견 사항을 고려하여야 한다.

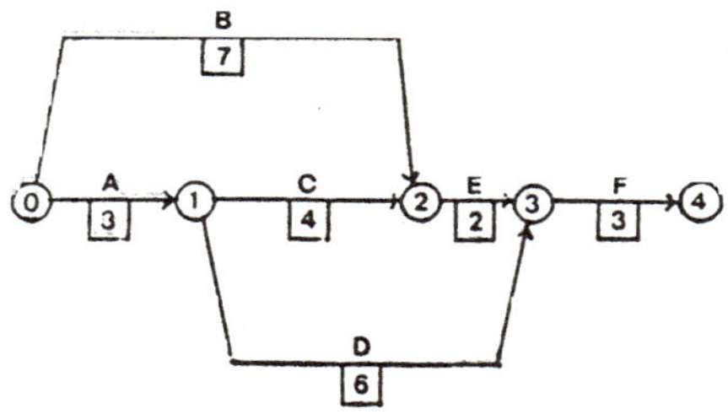

그림 3.22 Event Number를 일련번호로 기입한 CPM Network의 일례

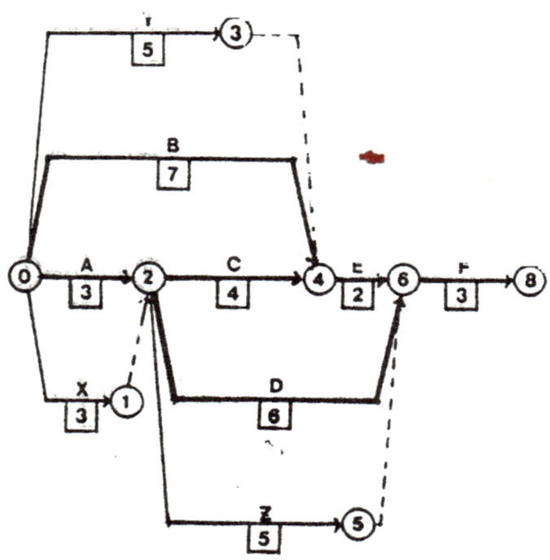

그림 3.23 Event Number를 한 번호씩 띄어쓰기를 한 CPM Network의 일례

① 처음부터 공정계획 시 계획 미숙으로 인하여 스케줄 작성 시 반영하지 못한 누락공정이 발생할 경우 및 공사 진행 중에도 생길 수 있는 설계변경 등의 요인으로 새로운 공종이 발생할 경우에 대비하여 이벤트 번호 기입 시 이벤트 번호를 띄어씀으로써 불합리한 점을 해소할 뿐만 아니라 공정관리상 효율성을 높일 수 있다. 위의 그림 3.22 CPM 네트워크를 가지고 예를 들어보자. 그림 3.22 CPM 네트워크상에 누락 공

종 X, Y, Z을 삽입코자 하는 경우로서 X, Y공종은 A공종과 동시공사이고 기간은 각 3일과 5일인 경우에 누락 액티비티 삽입에 따른 새로운 이벤트 발생 및 번호 부여에 애로사항이 생기기 마련이다. 이러한 애로점의 해결책으로 그림 3.23과 같이 이벤트 번호를 띄어씀으로써 가능하다. 이벤트 번호 띄어쓰기는 한 번호씩 띄어쓰기도 하지만 보충자료에 의하여 필요한 만큼의 번호를 띄어쓰기도 한다.

② 이벤트 설정은 다음과 같은 내용 때문에도 필요성과 활용이 요구된다. 공사계약서 조항 중 '기성지급' 조항 내용에는 기성의 지급조건, 지급방법과 지급일정이 명기되어 있다. 공사기성 금액 확정은 공사 진도율에 비례하여 확정되는데, 현실적으로 대부분의 건설현장에서는 공사 스케줄에 의한 진도율 체크를 한 후 기성관리를 하는 단계적 업무를 하지 못하고 다만, 이미 소모된 공사물량 대비로서 진도율 관리 및 기성조서 작

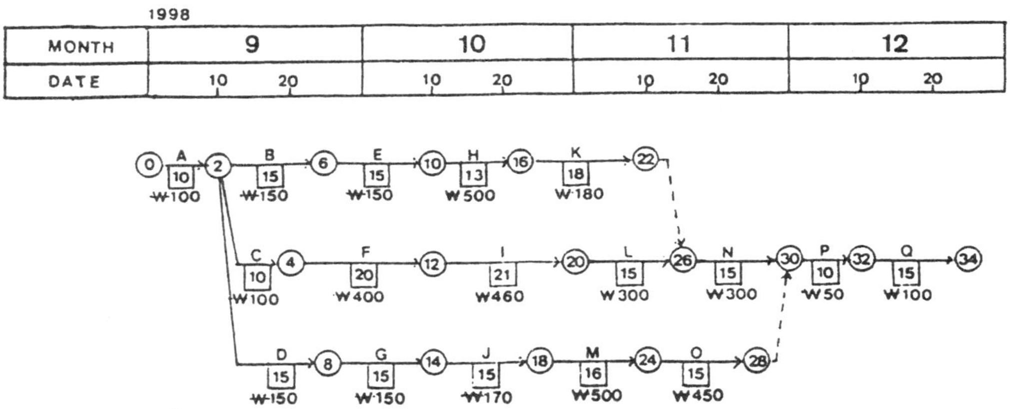

그림 3.24 Activity의 길이를 Time Scaled하여 작도한 CPM Network로서 일정관리를 하기에는 합리적이나 기성관리 하기에는 애로점이 있는 CPM Network의 일례

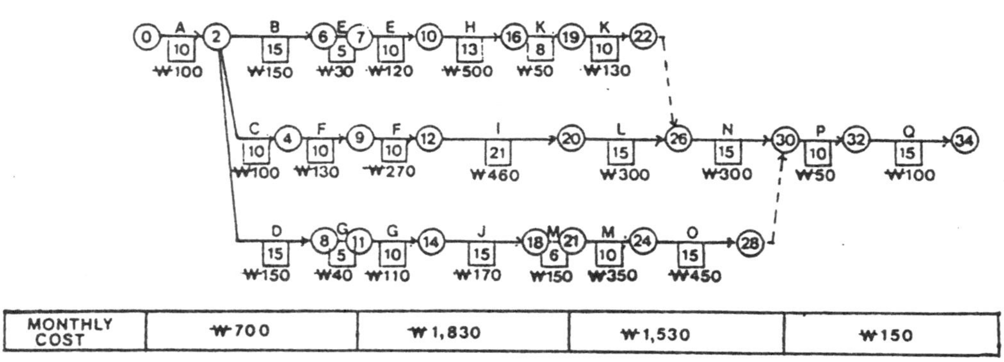

그림 3.25 그림 3.24 CPM Network 상에 매월말 기성 지급일로 간주하고 매월말을 기준으로 Event를 설정함으로써 CPM에 의한 일정관리 및 기성관리를 단일 체계화할 수 있는 CPM Network의 일례

성을 하고 있는 실정으로 불필요한 인력 낭비와 시간적 소모가 적지 않다. CPM 네트워크 스케줄에 의하여 일정관리와 원가관리를 하더라도 CPM 구성형식의 차이에 따라 관리의 편의도가 다르게 나타난다. 그림 3.24와 같은 CPM 네트워크 스케줄을 가지고 일정관리와 원가관리를 단일 체계화 시도가 가능한지 여부를 분석해 보면, 일정관리는 할 수 있으나 원가관리, 즉 공사 진도율 체크에 따른 공사 기성관리를 하기에는 애로점이 있다.

이러한 애로점의 해결책으로 그림 3.25와 같이 CPM 네트워크 스케줄상에 공사계약서에 명기된 기성지급 일정시점에 맞추어 이벤트를 설정하면 간단하게 해결할 수 있다. 이때 이벤트 설정 때문에 같은 공종명이라도 액티비티가 분할되는 경우 공사기간과 공사비도 분할 · 배분함으로써 해결책을 합리적으로 도모할 수 있을 뿐만 아니라 월별, 분기별 소요자금 계획과 공정관리 대책은 물론 공사 진도율 체크에 따른 미진도공사의 공정수정(updating schedule)과 관리체계도 수월하게 이루어질 수 있다. 이 또한 CPM 네트워크의 액티비티 길이는 척도화하여 작성되어야만 가능한 것이다.

3. 촉진 시공을 위한 CPM Network 구성

공사 스케줄 계획은 전체 공사를 준공하는 데 요하는 공기를 처음부터 너무 단축하거나 지연시키면 원가관리상 불이익을 초래하게 된다. 따라서 처음부터 무리하거나 불합리한 공사 추진은 지양하고 해당 프로젝트에 합당한 적정공기를 일단 수립하고 또한 공사계약서 조항과 설계도서 내용 및 시공계획 타당성 여부 등을 검토 · 분석하고 이에 따라 촉진 시공이 요구되는 단위별 공사를 발췌하여 공기단축계획이나 절대 피수공정을 지적하고 합리적으로 스케줄을 재조정함으로써 모든 조치 사항을 적시에 컨트롤하기가 쉽다. 이러한 컨트롤을 위한 CPM 네트워크 스케줄 작성은 그 내용에 따라 새로운 액티비티와 이벤트 발생

(범례) M: Masonry work(조적공사)
P: Plastering(미장공사)

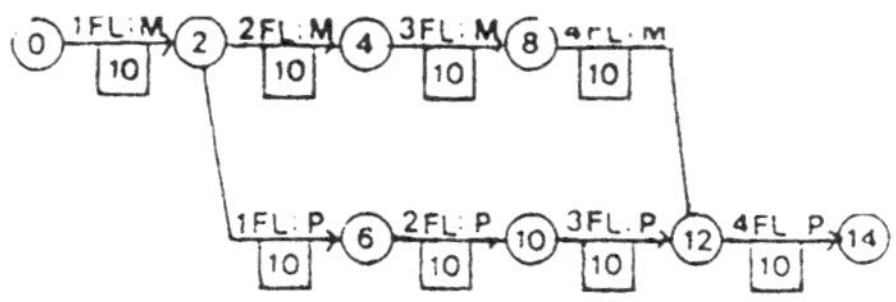

그림 3.26 적정공기의 CPM Network Schedule보기 일례

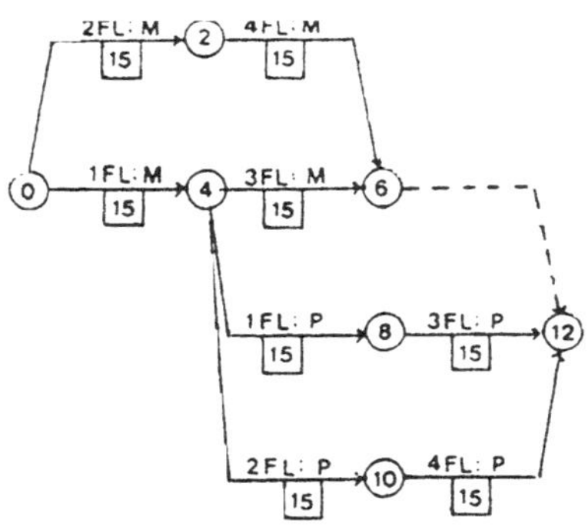

그림 3.27 그림 3.26의 공정단축 CPM Network 구성방법 예1

및 이에 따른 이벤트 번호 부여에서 적절하게 이벤트 번호를 띄어씀으로써 공정관리면에서 그 활용과 효율성의 기대치가 증대된다.

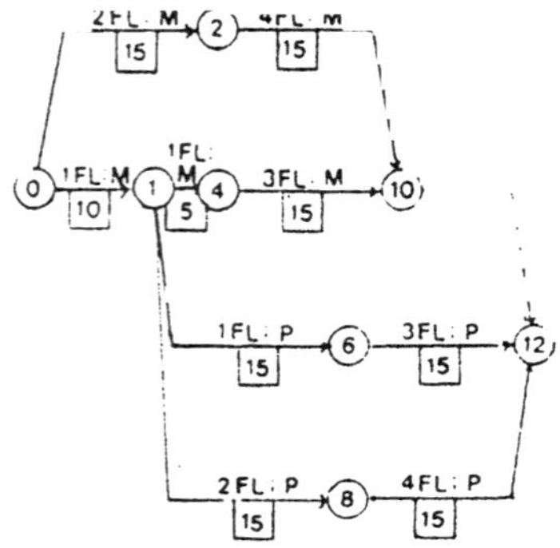

그림 3.28 그림 3.26의 공정단축 CPM Network 구성방법 예2

앞서 그림 3.9의 CPM은 액티비티가 모두 척도화로 작도되어 있어, 이벤트의 번호가 EST별로 순서가 나열되어 있고 액티비티 뒷부분의 더미는 그 길이만큼의 여유기간(float)이 생기는 것도 알 수 있으며, 더미가 붙어 있는 액티비티는 모두 최장공정(critical path, 절대공정, 주공정)이 아님도 한눈에 파악된다. 또한 그림 3.23과 같이 누락공종이나 설계변경 시 새로운 공종이 발생되며, 이러한 액티비티를 공사의 적정시점에 맞추어 스케줄상에 삽입하기에도 용이할 뿐만 아니라 그림 3.25와 같이 공사 기성지급 일정 시점에 맞추어 이벤트 설정을 해 볼 수 있음은 물론 액티비티 분할 및 공사비 분할을 하기에도 편리하며 따라서 원가관리는 물론 이에 따른 공사 진도관리에도 용이하다.

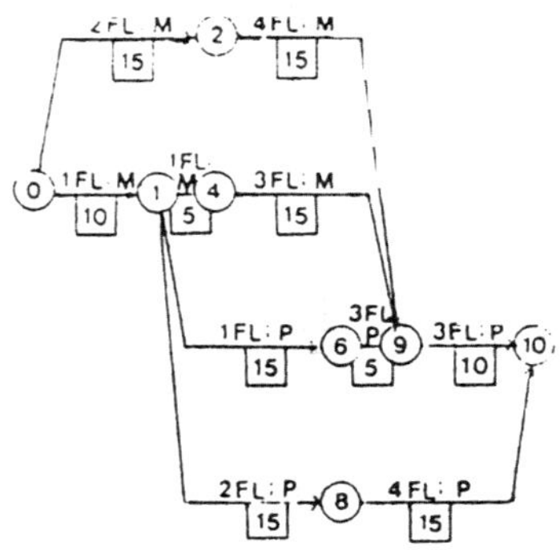

그림 3.29 그림 3.28의 모든 Activity가 최장공정(CP)이 되도록 구성된 CPM Network의 공기단축방법 예3

공정관리 시 공기단축이나 촉진시공이 요구되는 경우가 흔히 발생된다. 예를 들어 그림 3.26과 같은 경우의 CPM 스케줄을 공기단축 수정스케줄(updating schedule)로 재구성해 보면 그림 3.27, 3.28과 같이 조정하는 경우도 있으며, 그림 3.29와 같이 모든 액티비티를 크리티컬 패스화하여 공기단축이나 촉진시공을 유도할 수 있는 스케줄을 제시하게 된다.

해당 프로젝트의 공사관리를 하기 위한 수단으로 공사 스케줄 작성이 기본이다. 그러나 CPM 네트워크 스케줄이 작성되었다고 하더라도 네트워크 구성 그 자체가 해당 프로젝트의 공정관리를 하는 과정에 비추어 볼 때 그 내용이 얼마나 적절하게 구성되었는지 여부가 공정관리 시 효율성을 좌우하게 된다. 따라서 본문에서도 밝힌 바와 같이 다음의 내용을 중점적으로 CPM 네트워크 구성 초기단계부터 스케줄상에 표현하면, 공정관리면에서 편리하게 활용할 수 있다고 인식하게 될 것이다.

① 같은 공종(activity)에서도 필요한 시점에서 마디(event, Node)를 설정함으로써 타 공종을 분기 또는 교차시킬 수 있으며(본문 2.1 참조), 또한 촉진시공이 요구되는 스케줄 작성 시에도 활용하기가 용이하다.(본문 그림 3.11, 3.12 참조)

② CPM 네트워크 구성형식에 따라 공정관리 체계에 영향을 주기 때문에 CPM 네트워크 스케줄 작성 시 사전에 시공계획이 결정되어야 한다.

③ CPM 네트워크에서 액티비티 길이를 척도화(time scaled)하여 작도하면 표 3.1과 같은 장점을 얻을 수 있다.

④ 이벤트의 번호 기입 시에 번호를 필요한 만큼 숫자를 띄어서 기입하게 되면 누락 공종이 생겼을 경우나 설계변경으로 생기는 새로운 공종을 삽입하기가 용이하다.

⑤ 필요한 시점에 이벤트를 설정함으로써 기성관리 및 월별 소요자금 계획에 편리하다.

⑥ 공기 단축 계획에도 편리하다.

제 4 장

CPM 네트워크 로직 작도기법

4 1 CPM Network Logic 구성

1. 네트워크 조직 구성상의 문제

네트워크식(CPM/PERT) 공정표를 작성하면 일단 네트워크 조직 구성에 대한 기본이론을 먼저 알고 이를 뒷받침하여 네트워크 로직을 구성할 수 있어야 하는 것이다. 현재까지도 공정관리를 위한 교육 내용은 네트워크 로직을 구성할 수 있는 실기교육은 거의 배제되고, 액티비티의 정의에 관한 이론과 단순 액티비티 10~20여 개 정도의 간단한 모양의 CPM 네트워크 공정표를 가지고 일정계산-EST, EFT, LST, LFT, Float-에 의한 절대공정(주공정, Critical path) 경로 찾기, 공기단축에 관한 이론교육, 그리고 미숙한 CPM 네트워크 모델로서 네트워크식 공정표에 의한 공정관리를 하면 어떠한 장점이 있다는 정도의 일부 이론적 강의에만 치중되어온 것이 현 실정이다.

상기 이론 이외에도 인력관리, 자원관리, 자재발주 반입, 기법 및 활용, 진도관리, 기성관리, PMS(Multi-project Scheduling) 이론과 적용 등의 지식습득이 더 필요할 뿐만 아니라 실무 적용 시에 그 실상과 허상 등에 대한 전문지식도 필요하다. 그러나 앞 내용의 모든 이론을 알고 있어도 네트워크 구성을 합리적으로 작도할 수 없다면 근본적으로 공정관리의 기본적 업무를 수행할 수 없게 된다.

2. CPM 네트워크 구성 방법상의 문제 제기

네트워크 구성 방법으로 크게 두 가지를 제시할 수 있다. 첫 번째 방법으로는 공사 순서에 입각하여 네트워크 구성을 직접적으로 도식화하는 방법이다. 즉 하나의 액티비티를 작성하기 이전에 선행공사가 무엇이 있는지 검토하여야 하며, 다음 순서로 동시 공사가 무엇이 있는지를 고려하고 후속공사가 무엇이 있는지를 머릿속에 정리해가면서 공사 순서대로 CPM 네트워크 공정표를 작도해 나가는 방법이다.

이와 같이 네트워크 구성을 직접적으로 도식화하면 그림 4.1과 같이 대충 틀만 잡는 미숙한 CPM 네트워크가 되며, 만약에 수백 개 또는 수천 개의 액티비티를 이런 식으로 네트워크 로직(Network Logic)을 구성하게 된다면 너무 복잡하게 되어 공정관리를 할 수 있는 근본 방향을 잃게 된다. 따라서 그림 4.2와 같이 그림 4.1을 정리하여 네트워크 조직을 재구성할 수밖에 없는 문제가 남는다.

그림 4.1과 같이 네트워크 구성이 복잡하거나 이해가 어렵게 구성된 CPM 네트워크를 Rough CPM이라고 하며, Rough CPM을 그림 4.2와 같이 네트워크를 재정리한 CPM을 Rearrange CPM이라고 한다.

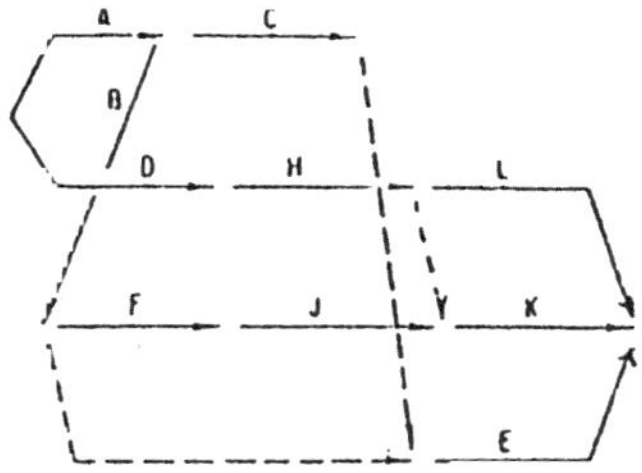

그림 4.1 Rough CPM Network

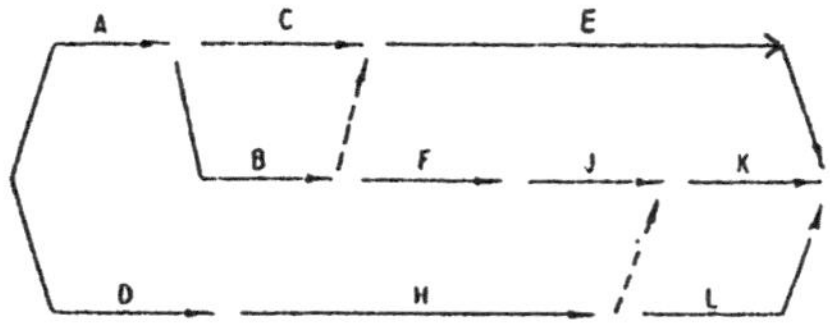

그림 4.2 Rearranged CPM Network

두 번째 방법으로는 공사순서에 입각하여 단위공정별로 바차트를 작성하고 이 바차트를 네트워크식(CPM/PERT)으로 로직 구성을 하는 방법이다. 이 두 번째 방법으로 네트워크 조직을 구성하게 되면 첫 번째 방법보다는 조직 구성을 하기에 훨씬 편리하고 단순하여 이용자의 선호도가 높을 것으로 사료된다. 우리는 누구나 초등학교 시절부터 막대그래프를 이용하여 통계표 또는 비교표를 그려본 경험이 있으며, 이 막대그래프(Bar chart) 형식에 익숙해져 있다. 이 때문에 1920년 미국의 Henry L. Gantt가 Bar graph기법을 창안한 이래로 아직도 건설현장에서 매우 유용하게 사용되고 있는 것이 현 실정이다.

혹자는 바차트기법을 사용하면 프로젝트 공정상에 공정의 상호관계를 보여 주지 못할 뿐만 아니라 공정이 진행되면서 발생하는 새로운 상황에 대처할 방법이 없다고 혹평하고 있으나 실제로 바차트 작성자와 CPM 작성자가 동일인(同一人)이라면 계획자의 개념은 동일한 것이다. 즉 바차트 스케줄 내용이나 CPM 네트워크 스케줄 내용은 동일 내용일 수밖에 없다. 그러나 바차트가 CPM과 비교하여 불편한 점이 있다면 컴퓨터에 의한 관리를 할 수 없으며 따라서 수시로 변경되는 공정 요인에 새로운 스케줄(update schedule)함으로써 이에 대처할 수 없다는 것이 단점이다.

다음은 세 번째 방법으로 바차트를 CPM 네트워크로 구성하는 방법이며, 그 사례로 그림 4.3의 바차트를 그림 4.4와 같이 CPM 네트워크로 구성한 것이지만, 이 또한 Rough CPM 네트워크로 작도되었다. 실제 그림 4.5와 같이 Rearrang CPM으로 재구성되어야 하며, 처음부터 그림 4.5와 같이 작도할 수 있었음에도 불구하고 그렇지 못한 것은 CPM 네트워크 작도법에 대한 인식과 교육이 부족한 소치이기 때문이다.

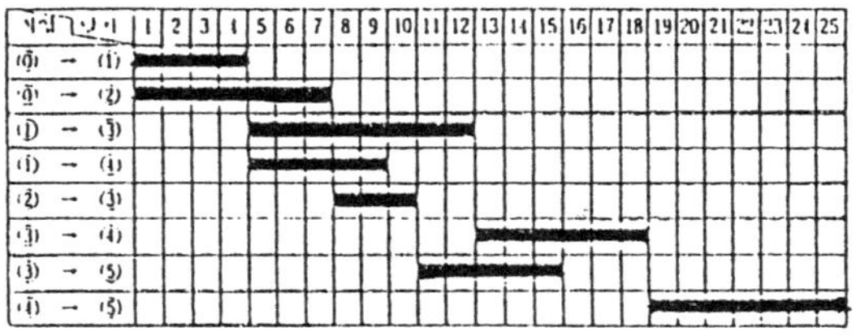

그림 4.3 Bar chart

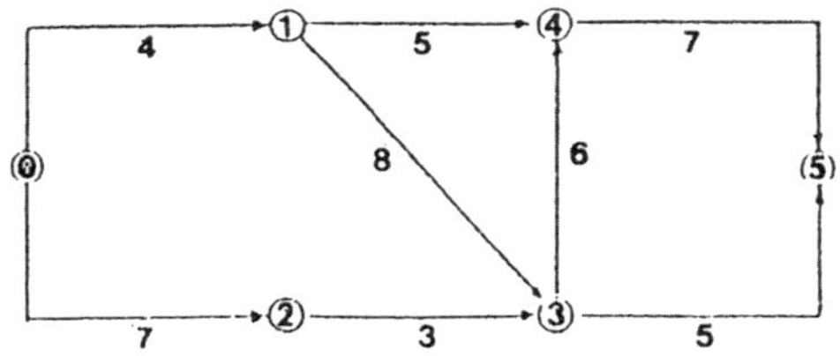

그림 4.4 그림 4.3의 Bar chart를 CPM Network로 구성

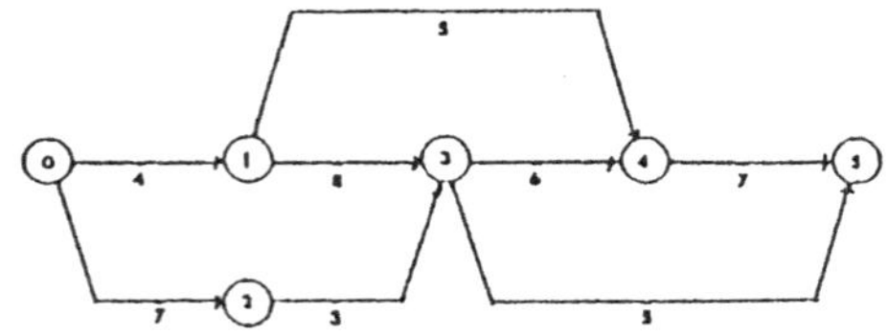

그림 4.5 그림 4.4의 Rough CPM을 Rearranged CPM으로 수정된 Network

이러한 실정에서 교육적으로도 이를 뒷받침하지 못하고 더욱이 한국산업인력공단에서 시행하고 있는 국가기술자격 시험에서도 Rough CPM 네트워크로 출제되는 경향을 볼 수 있으며, 이를 대비한 문제해설 책자 및 일본서적에서도 그 문제성이 노출되고 있다. 그 예로서 다음의 그림 4.6, 4.7, 4.8과 같다.

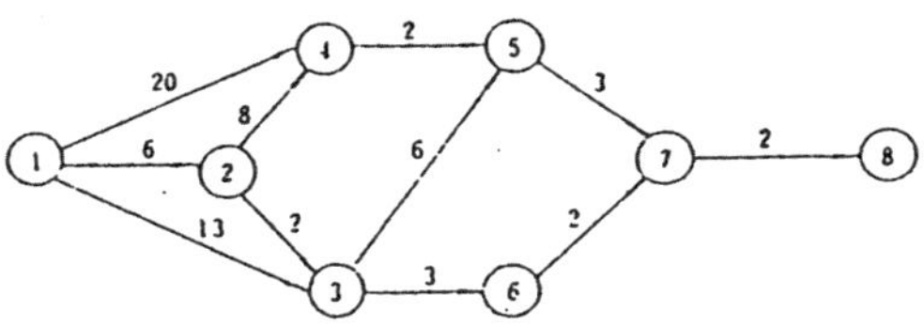

그림 4.6 Rough CPM

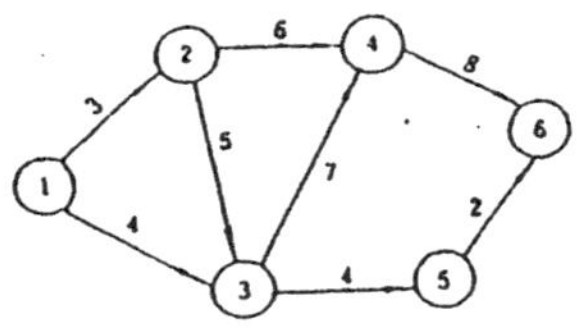

그림 4.7 Rough CPM

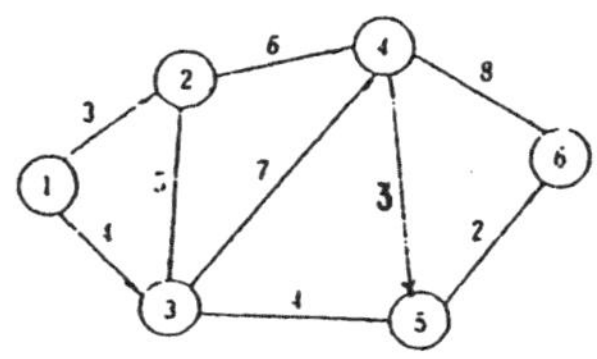

그림 4.8 Rough CPM

그림 4.6, 4.7, 4.8의 Rough CPM 네트워크는 다음의 그림 4.9, 4.10, 4.11과 같이 각각 Rearranged CPM 네트워크로 작도되어야 한다. 이렇게 Rough한 CPM 네트워크를 재정리된 Rearranged CPM 네트워크로 작도할 수 있도록 CPM 네트워크 구성의 기본 작도법을 제시함으로써 이용자의 모두가 CPM 네트워크 작도 시 그 모양이 일정 체계를 유지함은 물론 쉽게 작성하고 이해도를 높여 이 기법의 접근 및 활용이 용이하도록 하려는 생각이다.

그림 4.4, 4.6, 4.7, 4.8의 Rough CPM 네트워크 이외에도 그림 4.12, 4.13, 4.14와 같은 Rough CPM 네트워크 또한 공정관리 교육과정에서나 책자에서나 국가기술

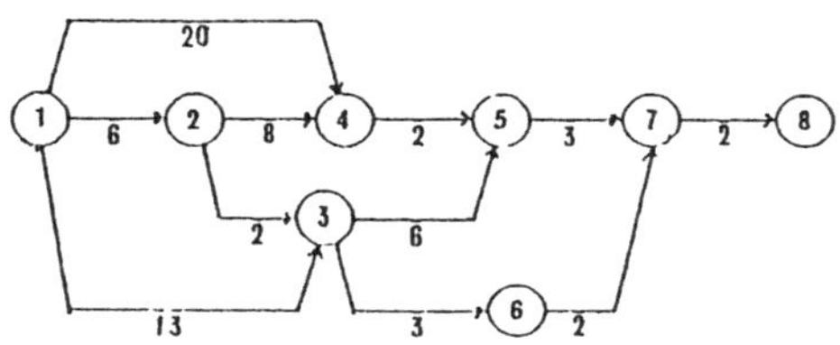

그림 4.9 그림 4.6의 Rearranged CPM

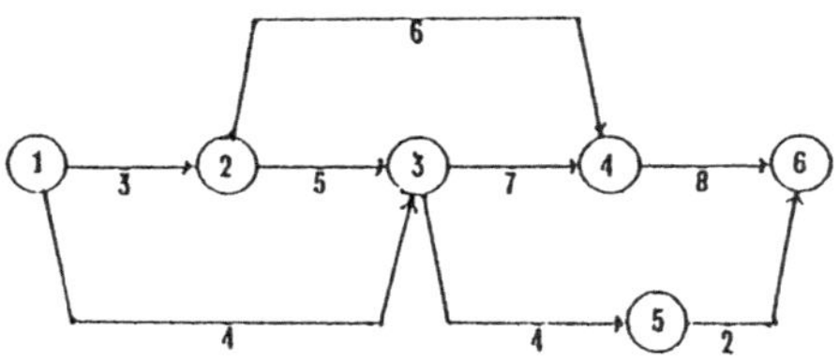

그림 4.10 그림 4.7의 Rearranged CPM

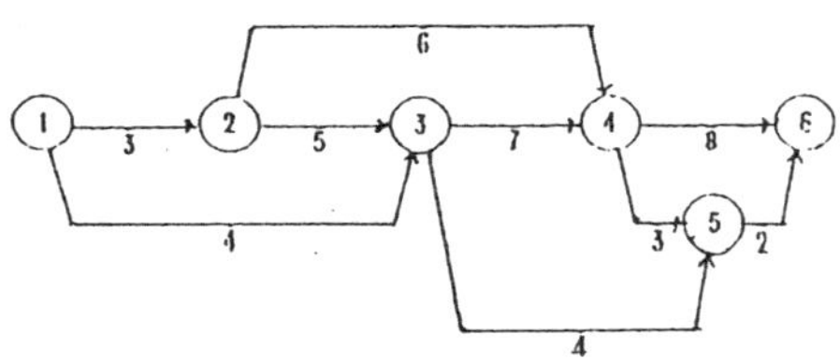

그림 4.11 그림 4.8의 Rearranged CPM

자격시험에서 자주 볼 수 있다. 그림 4.13은 일본의 건축사 2급에 출제된바 있는 Rough CPM 네트워크 중 하나이다. 국내 · 외를 막론하고 공정관리 분야에서 이론적 차원이나 컴퓨터 적용을 위한 S/W 개발은 지속적으로 이루어지고 있는 반면에 무엇보다도 중요시하여야 할 기본사항으로서, CPM 스케줄 작성에서 기본적인 CPM 네트워크 구성 그 자체에 대하여는 아직까지도 등한시하고 있다. 그러므로 본 연구 취지는 CPM 네트워크 로직 구성의 기본 작도법에서 기본 구성 이론을 통하여 문제점을 분석하고 좀더 표준적이고 합리적인 네트워크 작도법을 제시함으로써 이용자들의 이해는 물론 CPM 기법의 활용도를 높이고자 하는 데 목적이 있다.

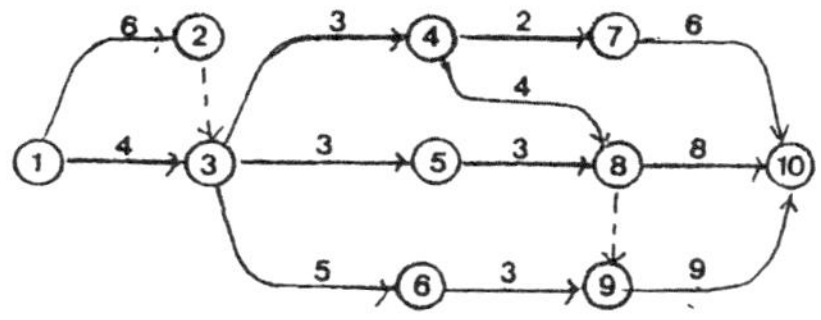

그림 4.12 Rough CPM의 일례

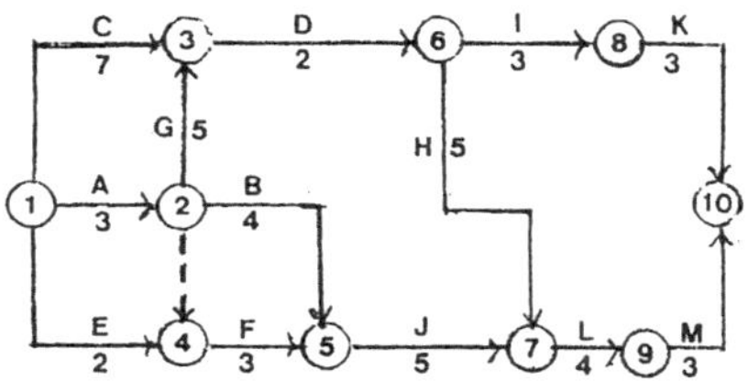

그림 4.13 일본 건축사 2급에 출제된 Rough CPM

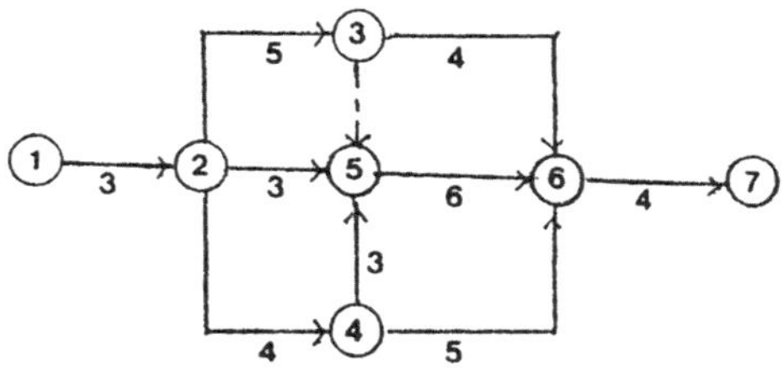

그림 4.14 Rough CPM의 일례

3. CPM 네트워크 구성 기본이론

(1) CPM 네트워크 구성 시 액티비티의 연결체계

CPM에서 네트워크 로직 구성 시 화살선 액티비티의 연결체계는 다음의 그림 4.15~4.24와 같이 작도하도록 정의되어 있다.

① A, B, C 공사가 연속공사인 경우의 작도법

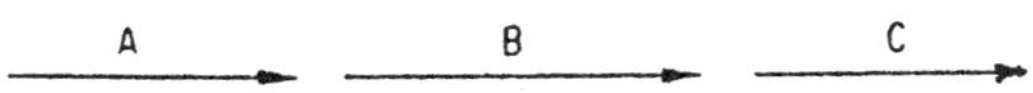

그림 4.15 액티비티의 연결체계 방법 1

② B, C가 동시공사이고 A가 선행공사인 경우의 작도법

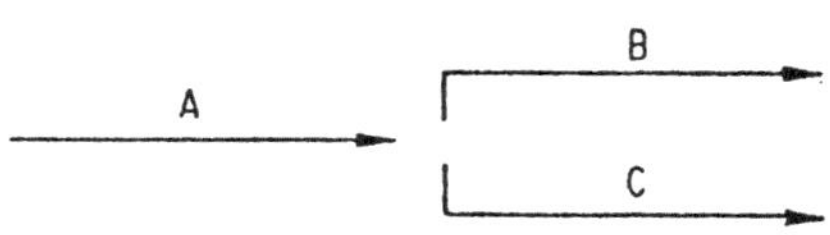

그림 4.16 액티비티의 연결체계 방법 2

③ A, B가 D, C의 선행공사이며, D, C가 동시공사인 경우의 작도법

그림 4.17 액티비티의 연결체계 방법 3

④ A는 D, B는 C의 선행공사일 경우인 작도법

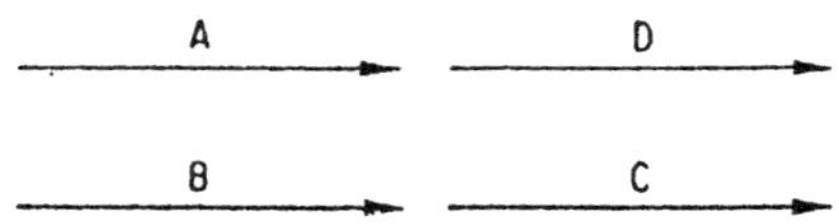

그림 4.18 액티비티의 연결체계 방법 4

⑤ C의 선행공사가 A, B일 경우인 작도법

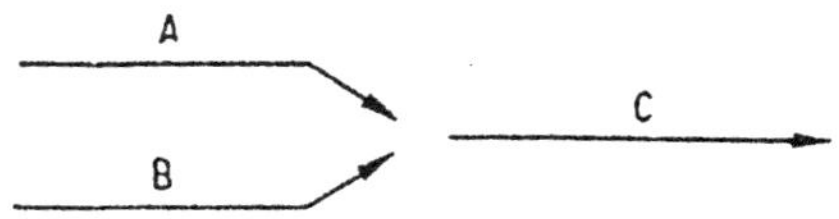

그림 4.19 액티비티의 연결체계 방법 5

⑥ A의 후속공사는 C, B의 후속공사는 D이면서 구속더미(restraint dummy)관계상 A가 완료되었어도 B가 완료된 후에야 C공사를 할 수 있는 경우의 작도법

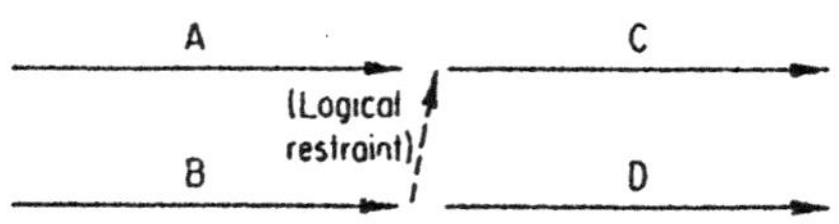

그림 4.20 액티비티의 연결체계 방법 6

⑦ A, B, C공사가 연속공사이고 X, Y, Z공사가 연속공사이면서 A와 X는 동시공사이고 C와 Z가 교체 완료되는 사이클 형태 경우의 작도법

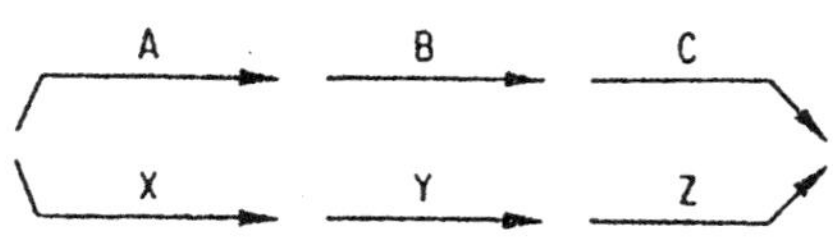

그림 4.21 액티비티의 연결체계 방법 7

⑧ A, M, X는 동시공사이고 A에 연속 후공사로서 B와 C, X에 연속 후속공사로서 Y와 Z이면서 M은 각 C, Y에 선행공사인 경우의 작도법

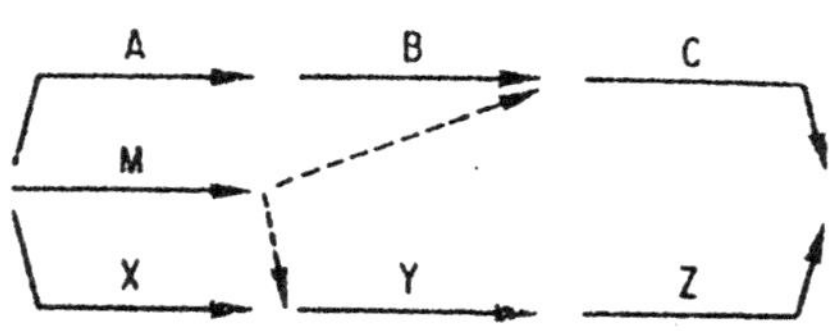

그림 4.22 액티비티의 연결체계 방법 8

⑨ A의 후속공사는 B, E로서 동시공사이고 C는 A와 동시공사로서 그 후속공사가 D이면서 C는 B, E를 함께 구속하는 경우의 작도법

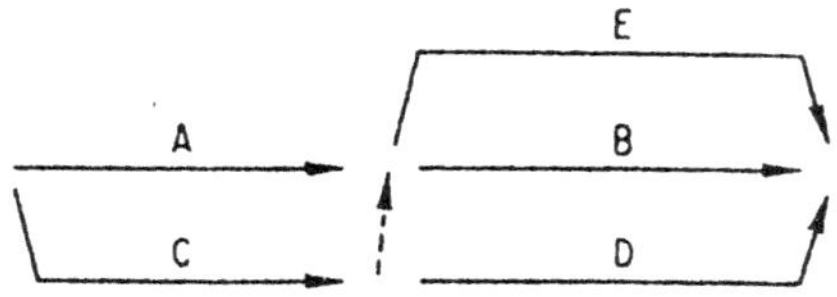

그림 4.23 액티비티의 연결체계 방법 9

⑩ 위의 ⑨항에서 구속더미는 C가 B, E 두 가지 공사 모두를 구속하는 경우였지만, 이 구속더미가 B만 구속하되 E는 구속받지 않도록 하면서도 B, E는 A의 후속공사인 경우의 작도법

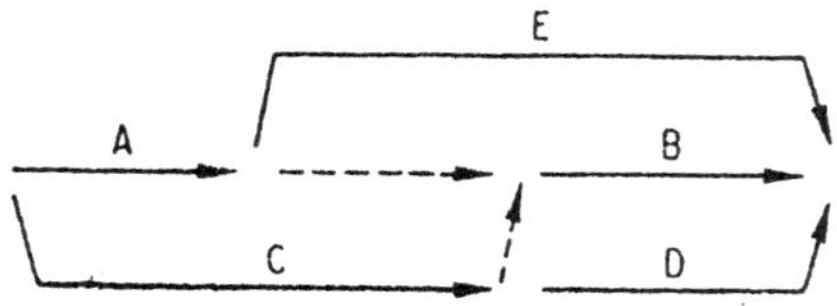

그림 4.24 액티비티의 연결체계 방법 10

(2) Crossovers Activity의 작도기법

CPM 네트워크 로직을 구성해보면 액티비티들의 연결체계에서 서로 교차가 생기기 마련이다. 교차되는 액티비티는 가급적 피해야 되지만 몇 개 정도 교차되는 것을 피할 수 없고 실제 합리적으로 네트워크를 구성하게 되면 이를 피할 수 있을 뿐만 아니라 누가봐도 양질의 네트워크로 구성되었음을 직감할 수 있는 경우의 사례로서 다음의 그림 4.25에서의 교차된 더미를 그림 4.26과 같이 재정리할 수 있는 것이다.

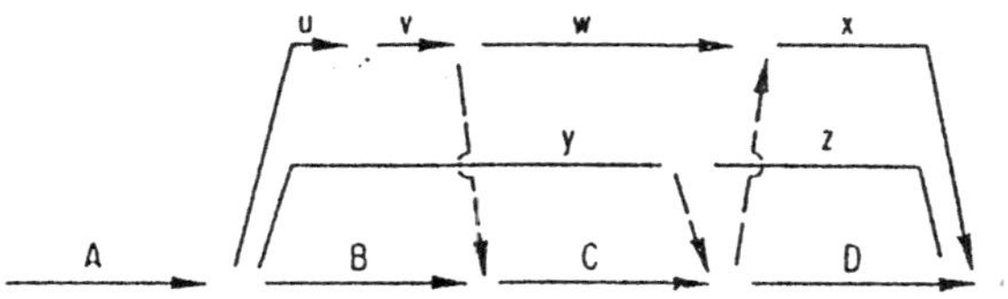

그림 4.25 Cross overs Activity의 사례

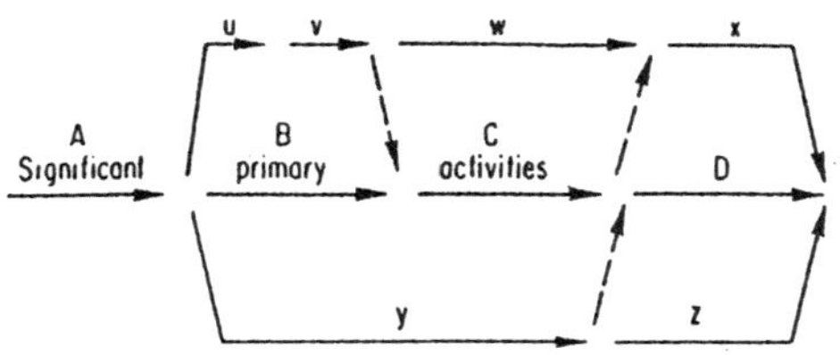

그림 4.26 그림 4.25의 Cross overs Activity를 재정리한 사례

액티비티를 발생시키고 종료시키는 네트워크 구성이 반복적으로 이루어진다면 그 연결체계가 복잡하게 된다. 따라서 버스-바기법은 바람직하지 못하다.

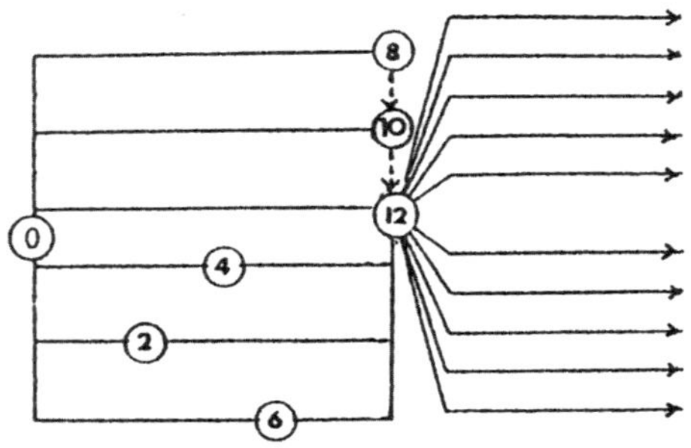

그림 4.27 액티비티마다 단독 i-j 이벤트를 부여한 경우의 버스-바 기법

(3) CPM Network Logic 구성방법의 현 실정

위에서 제시된 바와 같이 CPM 네트워크 로직 구성 시 액티비티 연결체계에 대한 기본 정의와 네트워크의 구성형태를 항상 염두에 두고 CPM 네트워크 스케줄을 작성하는 것이 일반적 상식이다. 그러나 네트워크 구성과 작도를 어떻게 하느냐의 문제점을 제기하지 않을 수 없다. 다음의 그림 4.28에서 그림 4.29, 그리고 그림 4.29에서 그림 4.30과 같이 단계별로 네트워크 구성을 뒷받침할 수 있는 자료 없이 직접적으로 도식화하는 경우로서, 이러한 작도과정이 일반적이다.

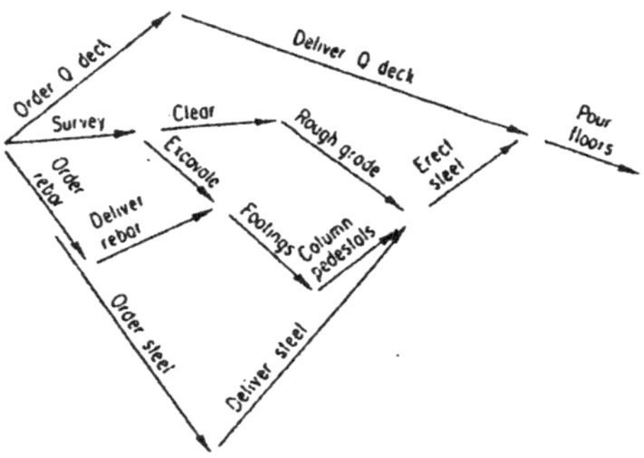

그림 4.28 Randdom line 형식의 CPM Network

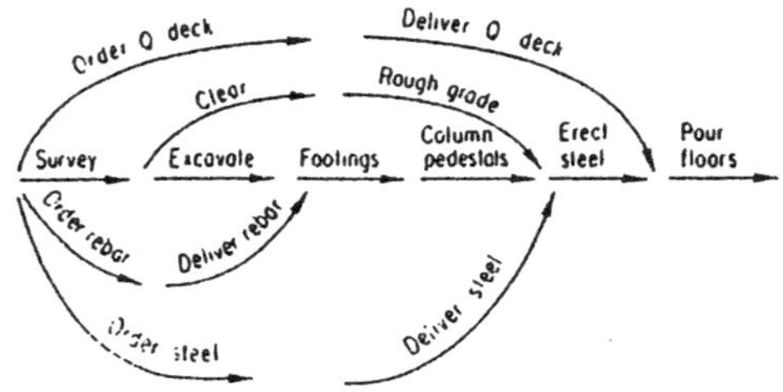

그림 4.29 Sweeping Cuve 형식의 CPM Network

그림 4.28, 4.29는 네트워크 구성에서 액티비티 연결체계나 그 모양에 규칙성이 없이 작도되었음을 볼 수 있다. 이러한 네트워크를 Rough CPM 네트워크라고 하며, 이렇게 Rough한 CPM을 그림 4.30과 같이 네트워크 모양과 연결체계를 갖추어 재정리시킨 네트워크를 Rearrange CPM 네트워크라고 한다. 이와 같이 작도되어야 CPM 기법의 공정표로서 프로젝트에 활용할 가치가 있다.

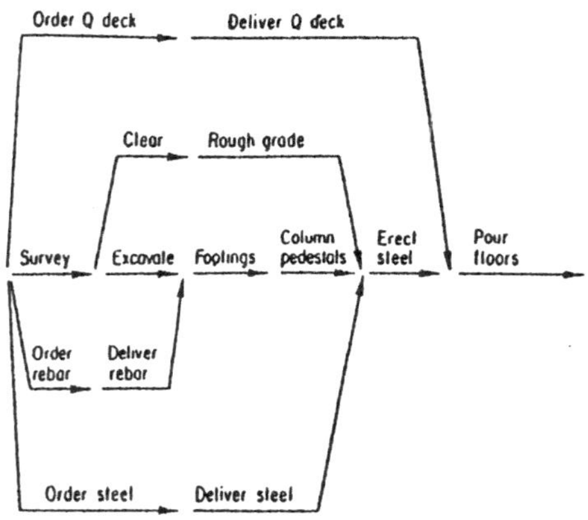

그림 4.30 Horizental 형식의 CPM Network

그림 4.30과 같은 형식의 CPM 네트워크 모양을 CPM의 표준 네트워크라고 할 수 있다. 상기 CPM의 표준 네트워크라고 할 수 있는 이 기법을 누구나 작도해도 그 모양과 형식이 같도록 표준적 CPM 작도기법 체계를 제시하고자 한다.

4. CPM Network 작도기법의 모듈화체계

(1) 스케줄 작성 시 준비과정

하나의 프로젝트에 임하였을 때 그 프로젝트의 모든 공사성에 대한 내용을 분석 · 검토한 이후, 공정표 작성과정에 들어가야 한다. 그러나 공사내용의 분석 · 검토, 즉 공정계획 과정을 염두에 두지 않고 처음부터 공정표 작성을 하는 경우를 많이 보아 왔다.

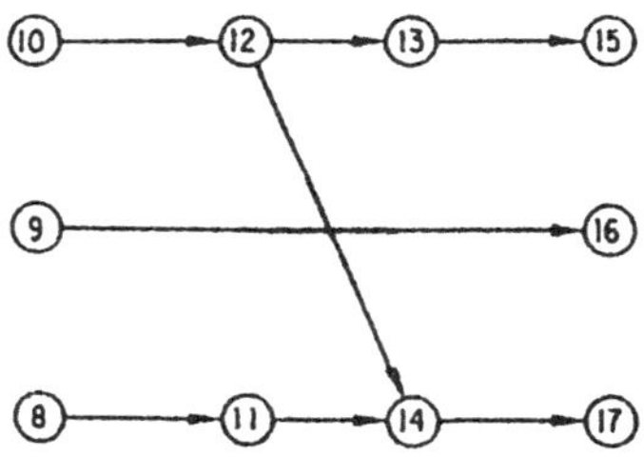

그림 4.31 Improper Crossover between 12-14 and 9-16 사례

공정계획 과정을 거치지 않고 바로 공정표 작성을 한다는 것은 공사의 경험도가 많은 이유도 있겠지만 결과적으로는 합리적이지 못할 뿐만 아니라 공사 관리 측면에서 소정의 목적을 얻을 수 없게 된다. 그러므로 공정표 작성 과정에 앞서 공정계획 수립 시 반드시 고려해야 할 사항은 될 수 있는 한 교차 액티비티가 생기지 않도록 하여야 한다.

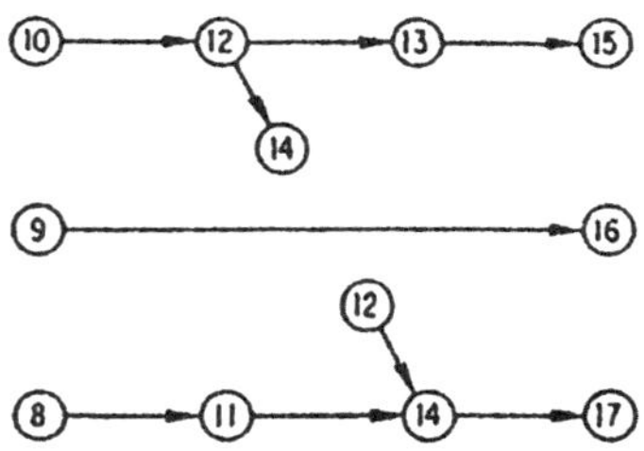

그림 4.32 그림 4.31의 Another broken arrow crossover 사례

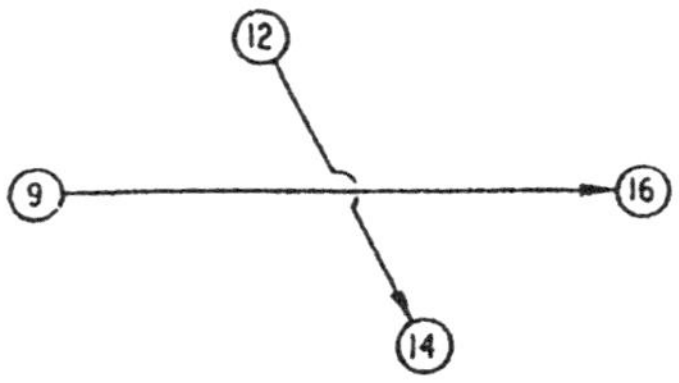

그림 4.33 Pipeline-type crossover 사례

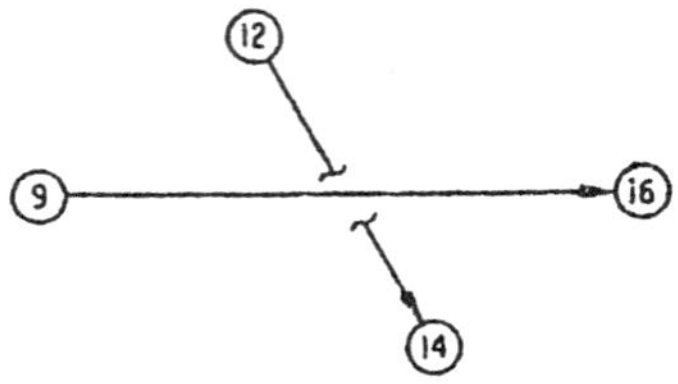

그림 4.34 Broken arrow crossover 사례

(2) 표준 네트워크를 Bus-bar Technique로 작도하는 기법

일반적으로 CPM 네트워크 로직 구성형태의 표준적 체계라고 할 수 있는 그림 4.35와 같은 모양으로 작도하는 기법을 표준 네트워크(Standard network)라고 하며, 이를 좀 더 간편하게 작도할 수 있도록 그림 4.36과 같이 작도하는 기법을 버스-바 기법(Bus-bar Technique)이라고 한다.

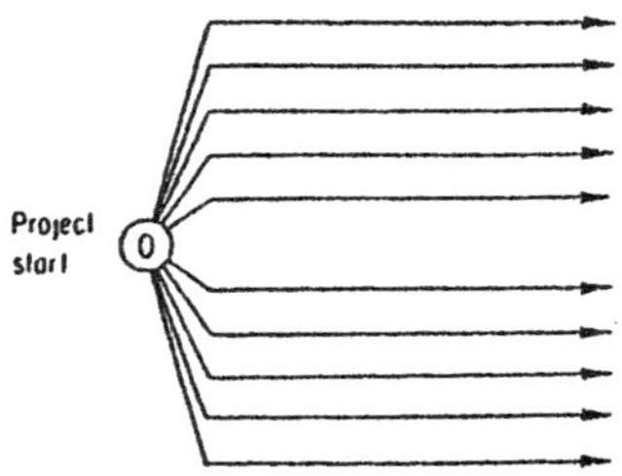

그림 4.35 Standard network (Many activities originating from single event)

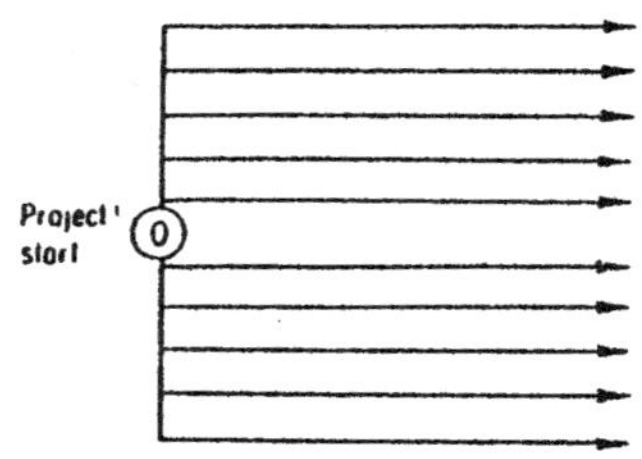

그림 4.36 Bus-bar Technique

버스-바 기법 또한 네트워크 로직 구성상 그 문제점을 들 수 있는데, 그림 4.37과 같이 작도되었을 경우는 하나의 i-j 이벤트 번호에 여러 개의 액티비티가 각각 연결되어 있어 각 액티비티마다 i-j 이벤트 번호를 갖도록 되어 있는 규정에서 오류를 범하는 경우이다.

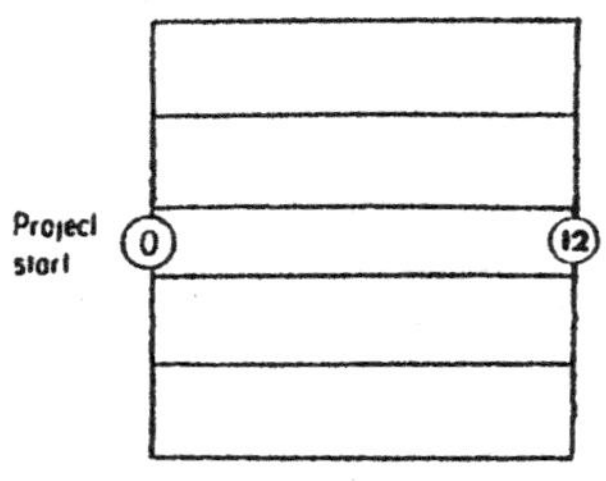

그림 4.37 단독 i-j 이벤트 번호에 여러 개의 액티비티가 연결되어 있는 경우

그림 4.37을 그림 4.38과 같이 하나의 액티비티마다 단독 이벤트 번호를 부여함으로써 오류를 해소할 수 있으나 이 또한 다음의 착수 이벤트에서 각 기법을 제시한 바와 같이 네트

워크를 구성 작도하게 되면 이용자 누구라도 CPM 네트워크 작도 형식이 통일성 있고 일원화될 수 있는 기법으로서, 본 논문 작성자는 이를 'CPM 네트워크 모듈화 작도기법' 이라고 칭하고자 하며, 다음의 작도기법 내용을 준수하게 되면 편리하다고 인정될 것이다.

① CPM 네트워크 모듈화 작성 용지는 방안지나 모눈종이를 사용하는 것이 편리하다.

② 그림 4.38과 같이 수직식의 CPM 네트워크 모양과 같이 작도되어야 한다.

③ Horizontal Type으로 네트워크를 구성 작도하되 액티비티를 척도화(Time scaled)하여 작도하는 것이 바람직하다.

④ 액티비티 길이를 척도화하면 일단 방안지에 캘린더(Calendar)를 작성하되, 하루에 해당하는 액티비티 길이를 정하여야 한다.

⑤ 하루에 해당되는 액티비티 길이를 방안지 상에 모눈 1칸(1cm)을 1일로 정할 경우의 예를 들면, 하나의 착수 이벤트에서 액티비티의 소요 일수만큼 가로선으로 작도하고, 분기 또는 교차되는 액티비티의 표현은 각 가로선의 폭을 3cm 정도로 하는 것이 공사 진도관리 이후 수정공정표 작성(Updating Scheduling) 시 편리하다.

⑥ 착수 이벤트에서 분기되는 액티비티나 종료 이벤트로 교차되는 액티비티는 1칸(1cm)의 중앙 지점 5mm 위치에서 액티비티를 분기 또는 교차시키면 분기와 교차되는 액티비티의 각도는 다음과 같이 일정하게 된다.

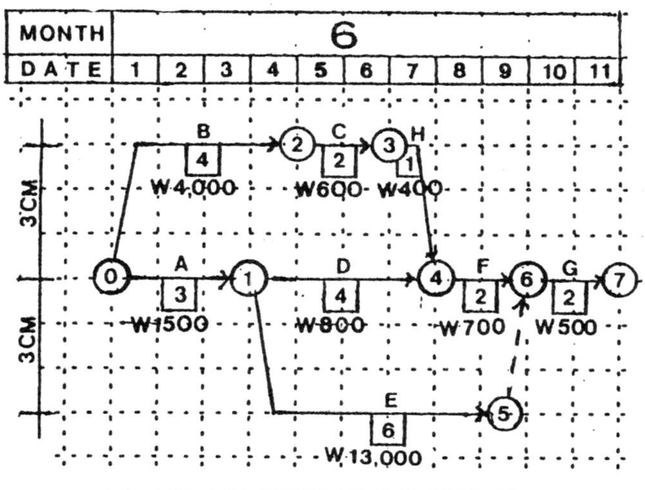

그림 4.38 CPM 네트워크 모듈화 작도기법일 때

⑦ 모눈 1칸(1cm)을 1일로 할 경우 Event의 크기는 8mm를 사용하면 화살선 액티비티 길이가 2mm 정도의 가로선 액티비티가 표현된다.

⑧ 공종명은 액티비티 선상 위쪽 중앙부에, 기간은 그 아래쪽 중앙부에 □형을 작성하고 □형 밑에 공사비를 기재토록 한다.

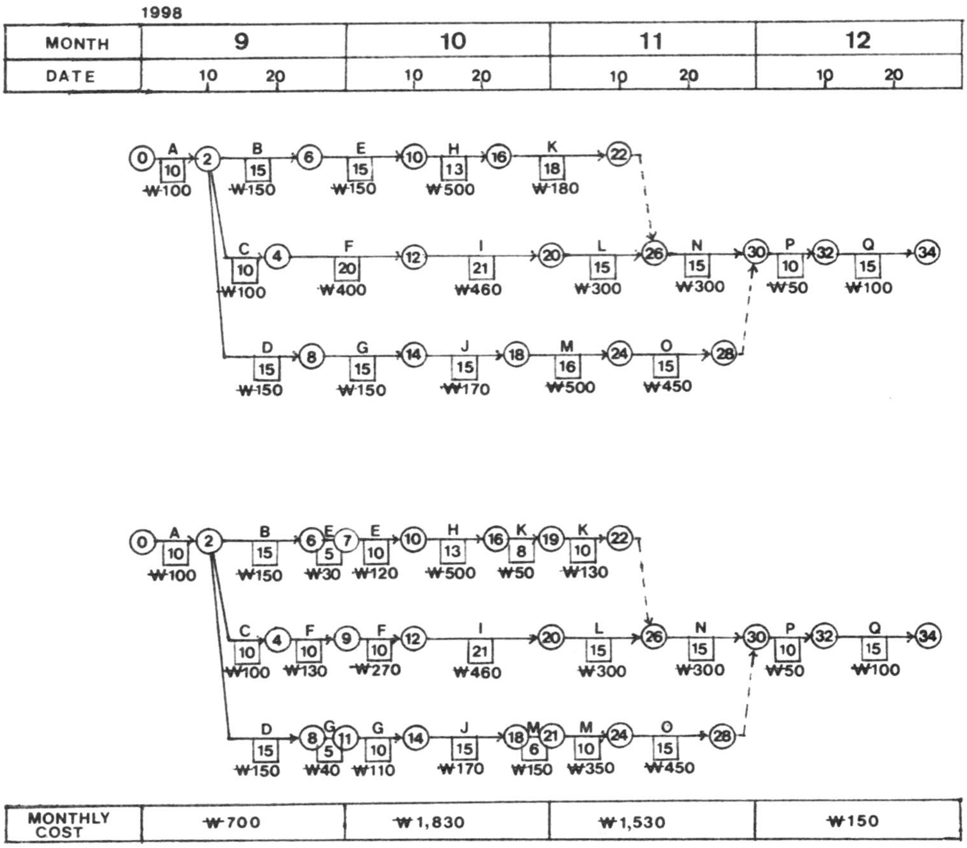

그림 4.39 Activity를 Time Scaled로 작성하면 공사비를 삽입하기 용이

(3) CPM Network의 모듈화 작도 시 장점

CPM 네트워크 로직 작도시 'CPM 네트워크 모듈화 작도기법'에 의하여 작도하면, 다음의 각 항과 같은 장점을 얻을 수 있다.

공사 경험도가 많은 스케줄 작성자라도 공정계획에 필요한 기술검토와 자료준비가 안 된 상태에서 CPM 네트워크를 직접 작도하게 되면 그림 4.40과 같이 작도되기 십상팔구이며, 또한 액티비티가 비척도화로 작도되어 액티비티별로 착수일과 종료일이 몇년 몇월 몇일인지를 한눈에 파악할 수 없다. 이를 한눈에 알기 쉽도록 분석해 보면 일단 그림 4.40을 바차트로 일단 작성하고, 이 바차트를 다시 제시한 작도법에 의하여 CPM 네트워크를 작성하면 누가 보아도 쉽게 이해되고 적용할 수 있을 뿐만 아니라 액티비티마다의 착수일과 종료일을 한눈에 파악할 수 있게 된다.

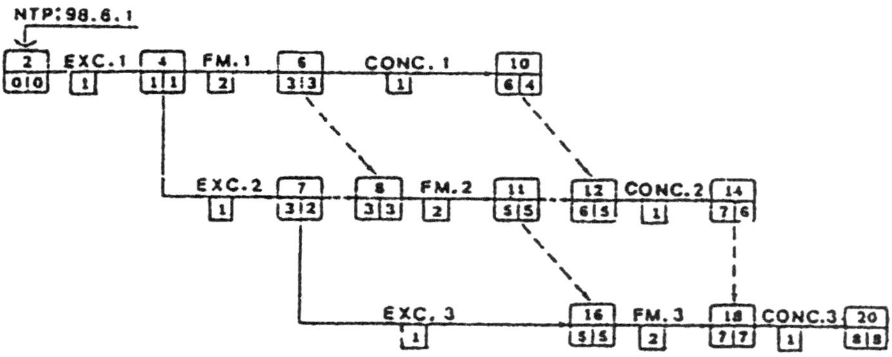

그림 4.40 Non Scald CPM Network

① 공사도급계약 관련 사항 파악

건축주와 시공자, 그리고 설계자 상호 간에 일련의 관계 업무를 파악할 수 있는 계약서 및 설계도서의 내용을 검토 · 분석하고 공정표 작성에 임하여야 한다.

가. 계약서 조항 검토 사항

- 프로젝트의 현장 입장조건에 따른 제 문제점(기후 조건, 자재 발주/반입 시기, 인력 수급 문제, 명절 및 공휴일, 대관청 업무, 교통) 등의 파악을 일정은 계획 시 중요한 사항이다.
- 공사 도급금액에 따른 조항으로서 계약보증금 및 선급금, 기성신청, 공사기간의 준수 및 지체 상금, 준공 정산 등의 조항은 원가관리에 중요한 사항이다.

나. 설계도서 검토 사항

설계도서라 함은 설계도면, 시방서, 구조계산서, 공사비 내역서, 공정표 등이다. 계약 당시의 도면, 시방서, 공사비 내역서 등은 예측하기 어려운 설계변경 사항이나 자재 변경, 이에 따른 공사비 증감 문제 등이 발생하는 사항으로서 특히 일정계획에 영향을 주며 CPM 공정표의 경우 각 액티비티마다 공기 및 공사비 배분관계는 물론 자재 발주/반입 계획, 그리고 인력수급 관계에도 영향을 미치게 되어 원가관리에 민감한 부분을 차지하게 되는 경우이다.

② 시공계획 수립 및 검토

건축주와 시공자 간에 공사계약이 체결됨으로써 공사 행위가 성립되며, 공사 도급계약 방식에 따라 공사관리 체계가 정해진다. 책임 시공자(원도급자)는 체계적으로 공종별 분류를 하고 공사의 특성과 공법에 따라 공사 범위 및 하도급 계획을 수립한 후 도급(일식도급, 분할도급, 공동도급, 정액도급, 단가도급)방식을 결정하는 등의 기술 검토가 이루어진 다음이어야 공정표 작성 시 합리적인 공정계획을 할 수 있다.

③ 공사 스케줄(공정표) 작성 과정과 유의사항

가. 기술 검토에 의해 마련된 공정 계획안을 바탕으로 공정표 작성자는 체계적으로 공종별로 분류하되 해당 프로젝트 공정관리에 적절한 공종표의 종류를 선택하여 작성해야 한다.

나. 작성하고자 하는 공정표가 바차트이던지 CPM이던지 간에, 일단 각 단위공사별(공종별)로 공정표를 작성하고 각 공종별마다 착공시기와 완공시기에 맞추어 조합 · 구성하되 공사의 상호관계는 물론 공사 부위별, 도급형식에 의한 하도급자(단종 업체)별로도 체계적으로 표현되어야 한다.

다. 자원계획 수립 및 검토 : 작성된 공정표에 의하여 자재 발주/반입 계획과 인력동원 계획, 공사비 월별 소요자금 계획 등을 수립하게 되는데, 특히 자재 발주/반입 시기는 작성된 공정표 상에 표기하여 관리하게 되며, 이 계획은 공정상의 차질 여부에 큰 요인이 되기도 한다.

라. 공정계획 시 반드시 검토하면서 스케줄 작성해야 할 예측 불확실한 요소는 기후관계, 불의의 사고, 인력수급 문제, 노동자 태업, 설계 변경, 자금수급 문제, 자재 발주/반입 시기, 공사 관련 인허가사항, 명절 및 공휴일, 근로시간, 일조시간(하절기, 동절기) 등을 들 수 있으며, 이와 같이 공사일정 계획에 예측 불가능한 요소 등은 될 수 있는 한 과학적인 데이터를 수집 · 분석하여 일정계획에 만전을 기해야 한다.

(4) CPM Network Logic 구성의 모듈화

공정표 작성의 준비단계로서 자료의 준비 및 검토, 분석 과정을 일단 거치지 않고 상식과 경험에 의하여 바로 공정표(바차트 또는 CPM)를 작성하는 것은 바람직하지 못하여 공정관리 진행 중에 회의적인 경우가 많다.

특히 CPM으로 작성할 경우에는 네트워크 구성 그 자체가 Rough CPM과 같이 무작위로 구성 및 작도되기 쉽다. Rough CPM은 이러한 경우의 일례이며 같이 Rearrange CPM으로 재구성하는 과정이 뒤따르게 되는 것이다. 그러면 Rough CPM의 작성과정을 거치지 않고 Rearrange CPM 네트워크를 직접 작도할 수는 없을까? 하는 것이 관심사로 제기될 수밖에 없다.

CPM 기법이 우리나라에 도입되어 이용된 이래로 그 이론과 작도기법 및 활용성에 대한 허와 실의 연구발전이 그대로 인용되고 있는 실정이다. 이러한 문제점으로 국내 · 외 서적이나 국가기술 자격시험에서 조차 Rough CPM Network로 출간/출제되고 있을 뿐만 아니라 네트워크의 그 모양과 형식이 각각 달라 이용자의 이해도 또한 서로 분분하다. 그 중에 특히 공통점이 있다면 CPM 네트워크로 구성 및 작도 그 자체를 어려워 한다는 사실이다.

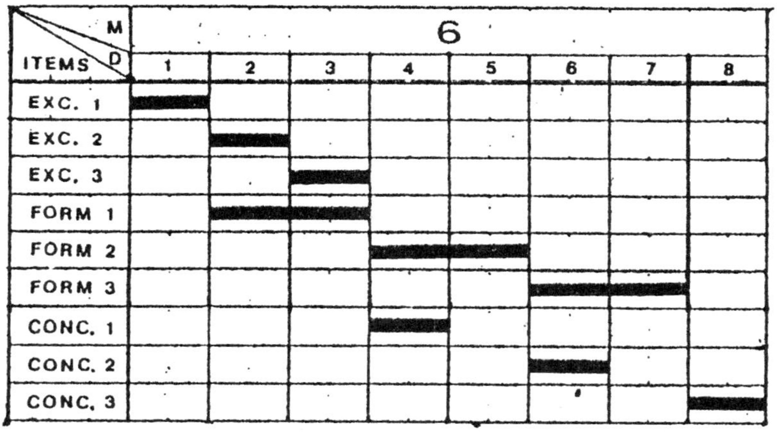

그림 4.41　그림 4.40의 CPM을 Bar Chart로 구성

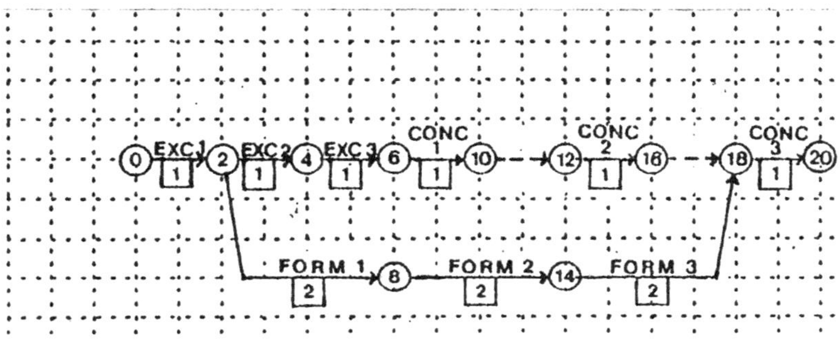

그림 4.42　그림 4.41의 Bar Chart를 CPM으로 재구성

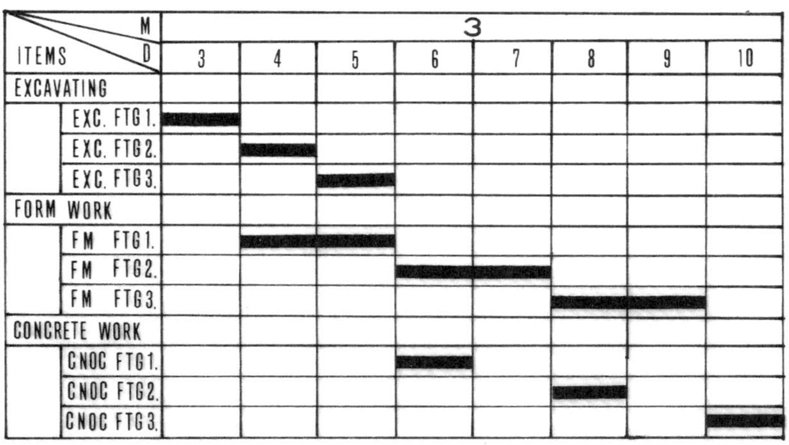

그림 4.43　세분화 Bar chart 작성법

제 5 장

CPM 네트워크 구성체계에서 Dummy 해석

건설공사의 일정관리를 CPM Network로 계획하는 데 있어서 네트워크의 구성모델(Network Graphic Model)은 실선화살표(Arrow Activity)와 점선화살표(Dotted Activity or Dummy), 이 두 가지 종류의 화살표로 구성되어 있음을 볼 수 있다.

네트워크 구성 원칙(Network Logical Rules)상에서 Arrow Activity에 관한 구성 원칙은 확실히 그 체계를 규정하고 있으나 Dummy는 네트워크 구성 내용에 따라 그 의미를 몇 가지로 구분 · 해석할 수 있으므로 이에 따른 해석상의 Dummy 의미를 본 연구에서 분석 · 명명(明命)하여 Dummy의 구성원칙을 규정지음으로써 CPM Network 구성 시 무작위로 Dummy 사용을 배제하고, 공정계획(Construction Scheduling) 수립 시 계획내용에 타당한 Dummy를 사용할 수 있도록 이를 정립하고자 한다.

5 1 Dummy의 一般解

CPM에서 활용되고 있는 점선화살표(Dotted Activity)에 관한 일반적 해석론을 관찰하고자 한다.

CPM Network Scheduling시 사용되는 점선화살표(Dummy)는 점선형태 단, 하나로서 네트워크에 표현되지만 네트워크 구성상의 Dummy 의미는 다음과 같이 일반해에서 5가지로 구분 · 사용되고 있음을 볼 수 있으며, 각 Dummy의 표현기법마다 적절한 Dummy 명칭도 없음을 볼 수 있다.

1. Dummy 일반해(1)

Dummy란 작업 활동 및 그 시간 등이 없어서 화살선만으로는 바르게 표현하지 못하는 작업의 상호관계를 표시하기 위하여 사용한다. 그림 5.1에서의 더미란 단순히 작업A와 작업C와를 연결시키는 역할 밖에 하지 못한다.라고 규정짓고 있는 경우이다.

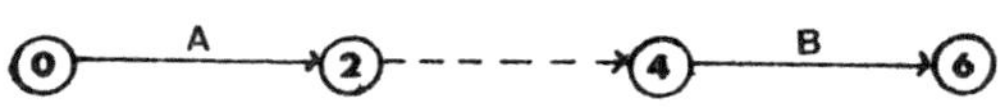

그림 5.1 Dummy 일반해(1)

2. Dummy 일반해(2)

그림 5.2(a)와 같이 작업 A, B가 동시에 개시, 종료할 경우에는 그림 5.2(b) 또는 그림

5.2(C)와 같이 나타내고 대응하는 결합점 ⑥ ⑧에는 단지 하나의 작업 밖에 존재하지 않도록 더미를 사용한다. 라고 규정짓고 있는 경우인데, 이때 사용되는 Dummy를 Numbering Dummy 라고 한다.

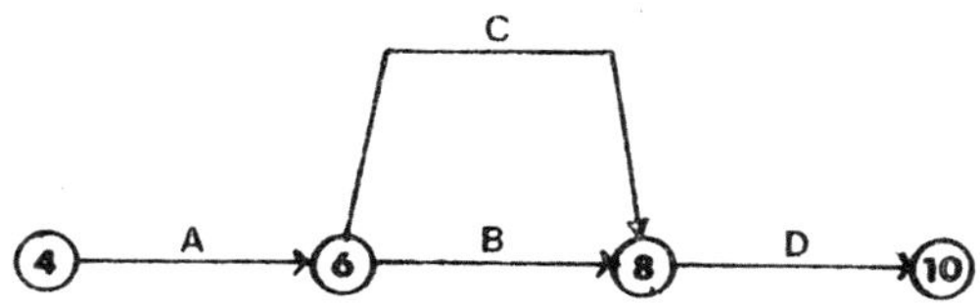

그림 5.2 (a) 하나의 i-j에 두개의 Activity가 존재하는 경우

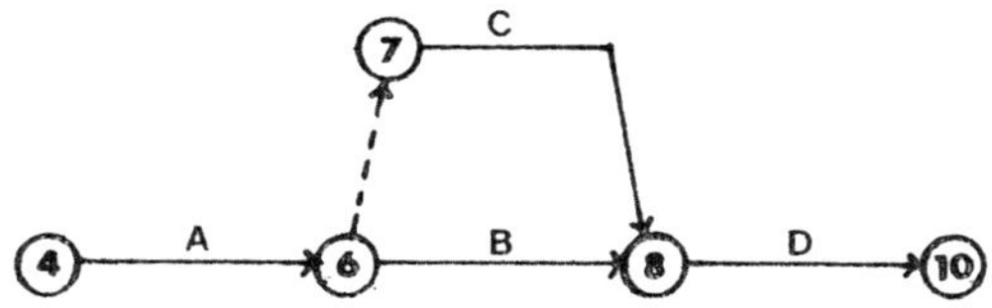

그림 5.2 (b) Dummy 일반해(2)

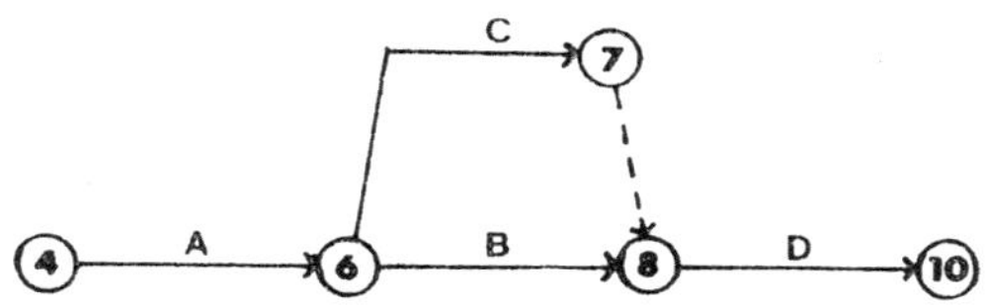

그림 5.2 (c) Dummy 일반해(2)

3. Dummy 일반해(3)

그림 5.3에서 작업D는 작업B가 종료되면 계속해서 작업을 개시할 수 있으나 작업C는 A, B 양 작업이 함께 종료되지 않으면 개시할 수 없다. 즉 작업C는 A, B양 작업에 종속되고 작업D는 항상 작업B에만 종속되어 작업A와 독립되어 있다. 이렇게 실제 작업은 아니지만 네트워크 구성상 표현되는 점선화살표(Dummy)는 실선화살표와 구별짓는데, 이를 Logical Connection 또는 Logical restraint라고 하며, Logical Dummy라고 한다.라고 명명하고 있는 경우이다.

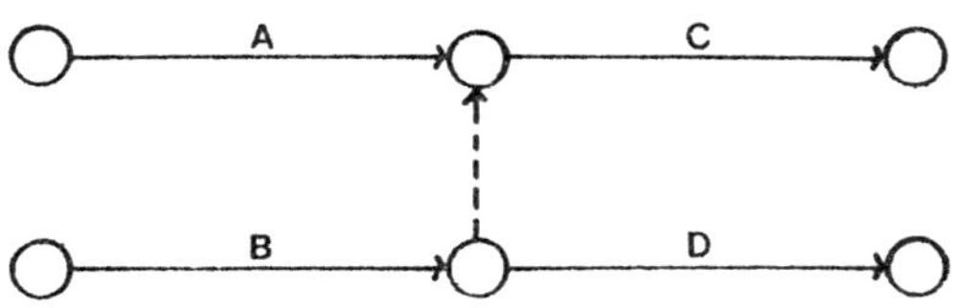

그림 5.3 Dummy 일반해(3)

4. Dummy 일반해(4)

그림 5.4는 그림 5.3과 같은 내용의 네트워크 구성에서 작업E가 추가된 경우인데, 이러한 Logic에서의 작업C와 E는 i-j Number ② → ④ Dummy 때문에 A, B 양 작업 모두에 종속되는 경우이다.

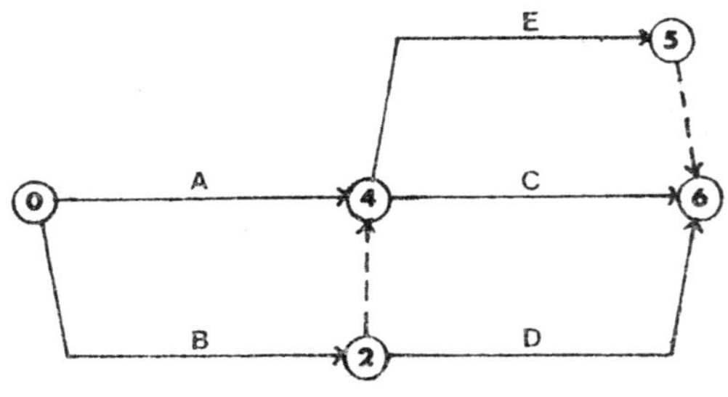

그림 5.4 Dummy일반해(4)

5. Dummy 일반해(5)

그림 5.4에서의 Logic 내용과 달리 작업E는 A에만 종속되고 작업C와는 독립적인 Logic이고, 작업C는 단지 작업B에만 종속되는 내용의 Logic을 만들려면 그림 5.5와 같이 비고의적 Logical connection, 즉 i-j Number ① → ④ Dummy를 만들어 넣는 경우이다.

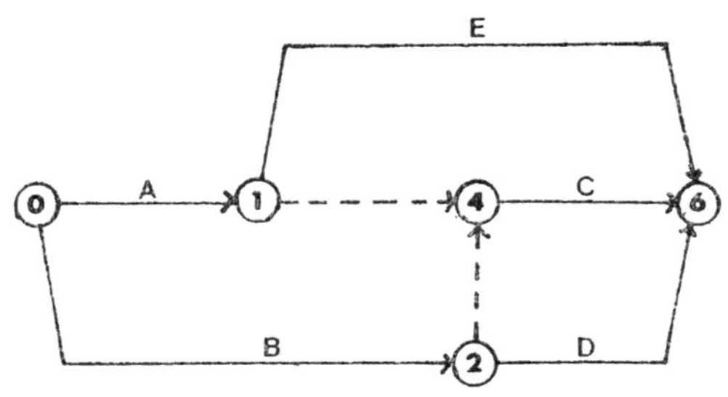

그림 5.5 Dummy일반해(5)

5 2 Dummy의 일반해 분석 및 명명(命名)

본 절에서는 앞 장에서 언급된 Dummy의 일반해에 관하여 분석하고, CPM Network 구성시 단 하나의 Dummy가 구성 내용면에서는 5가지 의미로 표현되고 있으므로Scheduling 시 Dummy의 구성 내용에 따라 각각 적절한 명칭을 부여함으로써 합리적인 계획을 할 수 있도록 함에 목적이 있다.

1. 일반해(1)의 Dummy 분석 및 명명

그림 5.6 (a)

CPM Network Logic은 일반해(1)의 그림 5.1이다. 일반해(1)에서의 Dummy는 단지 작업A와 작업B를 단순히 연결시키는 의미를 가지며, 작업명이나 기간이 주어질 수 없다는 원칙이 있다. 이와 같은 내용으로 그림 5.6(a)과 같이 작업A의 후속작업으로 작업B를 직접 연결해도 그림 5.1과 같은 의미를 가지므로 그림 5.1에서의 Dummy는 사실상 무의미할 뿐만 아니라 불필요한 Dummy를 사용하게 된 경우이다.

그림 5.6 (b)

다음은 위와 같은 내용의 구성도를 가지고 예를 들어 보기로 한다.

《분석 1》 Dummy를 가로방향으로 연결하는 경우 ; 그림 5.1에 작업C를 추가 삽입시킨 그림 5.7 구성도는 그림 5.8, 그림 5.9, 그림 5.10과 같이 구성하여도 모두 구성내용 및 일정계획 내용이 같게 되며, 그림 5.10에서는 Dummy가 모두 삭제되어 있다. 따라서 그림 5.7, 5.8, 5.9와 같은 구성도에서 사용되는 Dummy는 오직 작업과 작업 간에 연결 의미만을 가지고 있을 뿐이며, 삭제시킬 수 있는 Dummy이다. 이러한 Dummy를 연결더미(Connection Dummy)라고 한다.

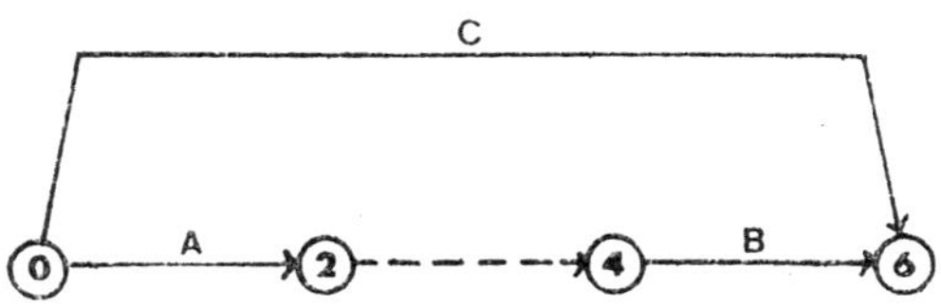

그림 5.7 그림 5.1에 작업C가 삽입된 Network 구성도 ①

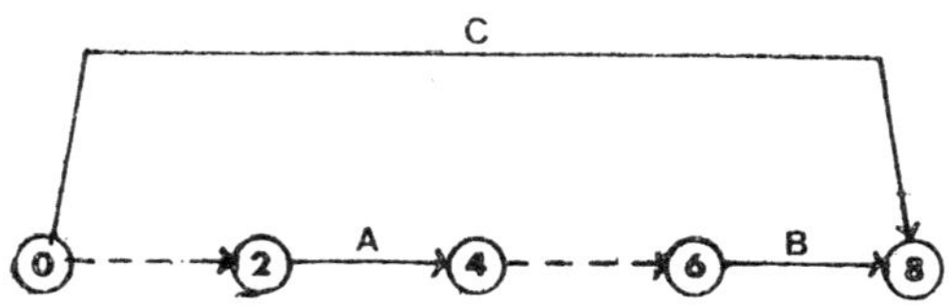

그림 5.8 그림 5.1에 작업C가 삽입된 Network 구성도 ②

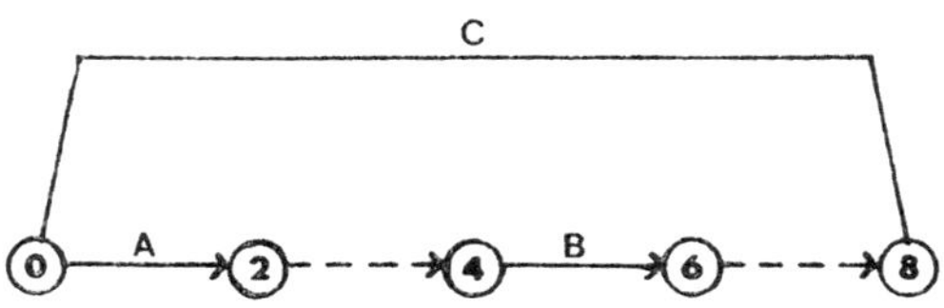

그림 5.9 그림 5.1에 작업C가 삽입된 Network 구성도 ③

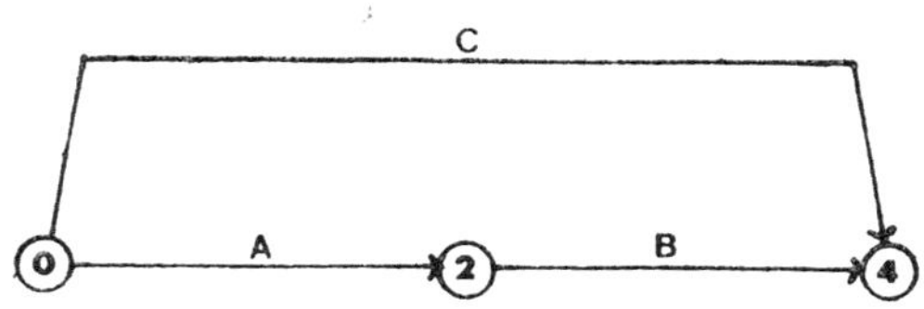

그림 5.10 그림 5.1에 작업C가 삽입된 Network 구성도 ④

《분석 2》 Dummy를 세로방향으로 연결하는 경우 ; 그림 5.11은 그림 5.1과 같이 연결만을 시키는 Dummy이지만 세로방향으로 연결하는 경우이다. 일반적으로 Multiproject Scheduling시에 이용되며, Dummy의 연결 방법은 착수시점이나 종료시점에 맞추어 연결시킨다. 그러나 이 또한 그림 5.12와 같이 작도하면 결코 Dummy가 필요치 않게 된다. 그림 5.11에서 Dummy의 의미는 프로젝트 간에 'Connection Dummy' 로 해석되지만, 그림 5.3의 Dummy와 같이 'Logical Restraint' 의미로 해석될 수도 있다.

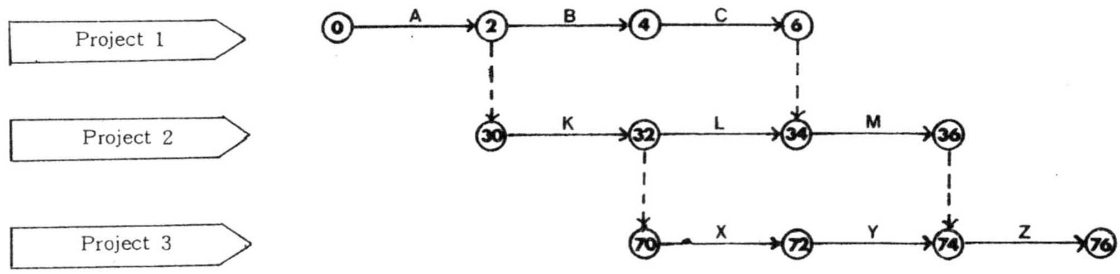

그림 5.11 Project 간에 세로로 연결하는 Network구성도 ①

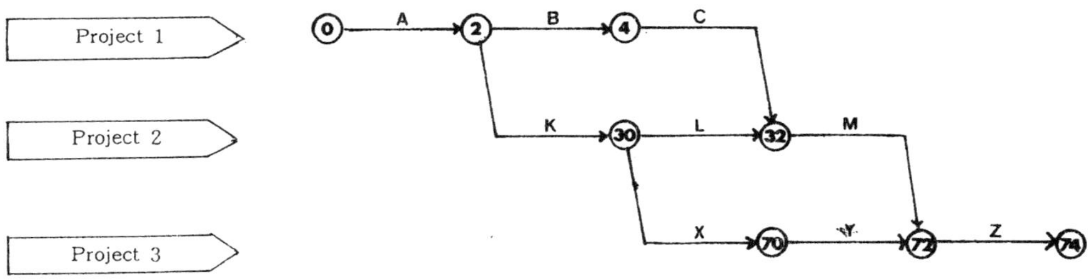

그림 5.12 Project 간에 세로로 연결하는 Network구성도 ②

《분석 3》 그림 5.13은 그림 5.7의 CPM Network Diagram상 실선화살표(Arrow Activity) 및 점선화살표(Dummy)에 작업일수(Duration)를 부여한 경우의 구성도이다.

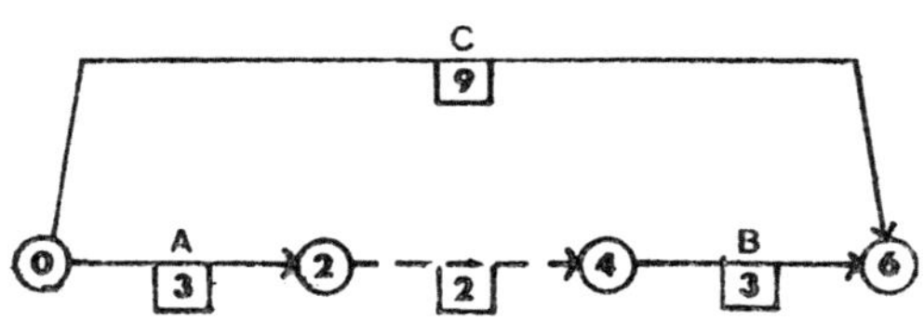

그림 5.13 Dummy에 날짜가 주어진 경우의 Network구성도

그림 5.13 Network에서 Dummy에 주어진 기간은 2일이고 작업명은 없다. 즉 Dummy에 작업명이 없다는 것은 실제로 작업을 하지는 않지만 2일이 경과한 후 후속작업을 시키겠다는 의미의 Dummy이다. 즉 그림 5.13의 구성도 내용은 작업A 종료 후 2일 후에 후속작업 B를 공사하라는 의미이다.

이와 같은 방법을 현재 컴퓨터 프로그램 'X-PERT'를 이용 그림 5.14와 같이 이미 사용하고 있다. 그림 5.14에서 그림 5.13과의 차이점은 Dummy가 실선화살표로 표현되었고, 작업명 대신에 'Time lag'라고 기재되었다는 점이다. 이런 점은 아직도 구태의연하게 Dummy는 오직 작업 간의 연결, 시간상 0(ZERO), 작업명을 기재할 수 없다는 원칙에 얽매여 있기 때문이다.

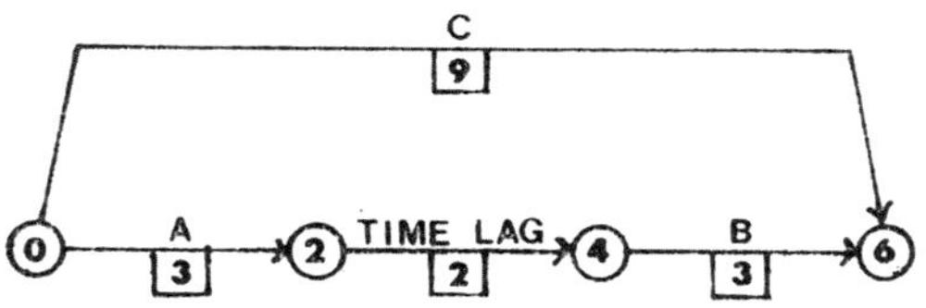

그림 5.14 그림 5.13과 같은 내용이 Network 구성도를 컴퓨터 프로그램 X-PERT로 표현한 구성도

실제 그림 5.13과 같이 Dummy에 날짜를 표기할 수 있는 Network을 구성해보면 작성자(Scheduler)의 개념과 구성도 표현이 훨씬 자유로워질 뿐만 아니라 공사 진도관리(Construction Progress Check) 및 스케줄 조정(Updating) 시에도 편리하게 된다. 이렇게 날짜가 주어진 Dummy를 Time Lag Dummy(시간지연더미) 또는 Float Dummy(여유기간 더미)라고 명명한다.

2. 일반해(2)의 Dummy 분석 및 명명

일반해(2)의 그림 5.2(b)와 그림 5.2(c)를 그림 5.15와 그림 5.16으로 각각 변형시켜 구성하여도 서로 같은 내용의 구성도(Logic Diagram)가 되며, 따라서 사용된 Dummy의 의미 또한 일반해(2)와 같은 내용일 수밖에 없다.

이와 같은 내용의 Network Logic을 컴퓨터로 처리코자 할 때 다른 Event와 동시에 진행하는 각 Event는 반드시 고유의 'i', 'j' Event Number를 가져야만 컴퓨터 처리가 되도록 Programming되어 있다. 그러므로 이러한 경우의 Dummy 사용은 Network의 구성체계상 반드시 필요한 것이며, 이때 사용되는 Dummy의 명칭을 Unique Numbering Dummy(단일 번호 더미)라고 명명한다.

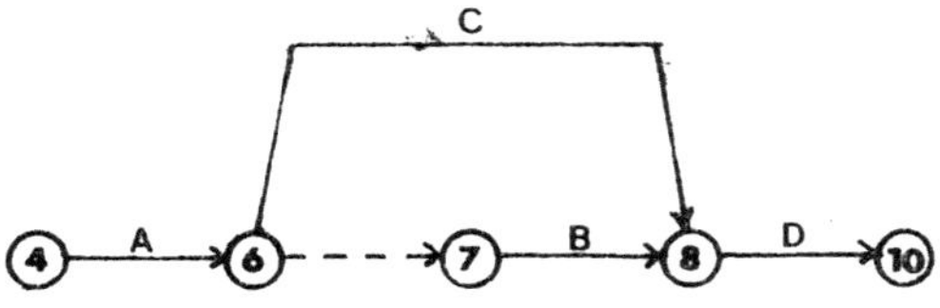

그림 5.15 그림 5.2(b)와 같은 내용의 Network 구성도

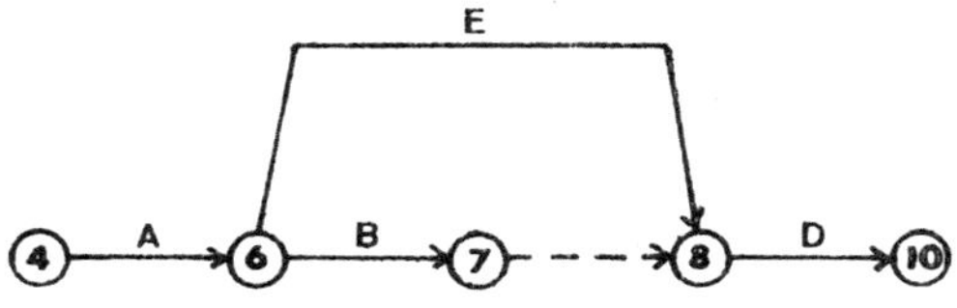

그림 5.16 그림 5.2(c)와 같은 내용의 Network 구성도

그림 5.17은 그림 5.15 구성도에 각 Activity 및 Dummy에 날짜를 부여해 본 Network 구성도이다.

그림 5.17은 구성도에서 Dummy의 의미를 해석하여 보면 작업A 종료 후 작업C를 공사하되 작업B는 선행 Dummy에 2일 간의 지연시간(Time Lag)이 주어진 관계로 2일 후에 공사하도록 된 스케줄이다.

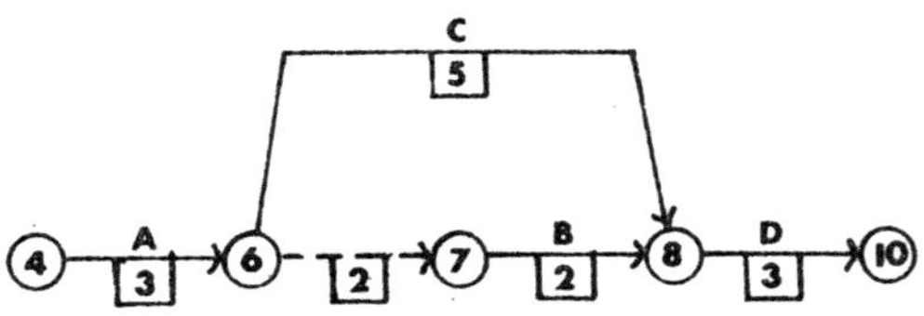

그림 5.17 그림 5.15 구성도 Dummy에 날짜를 부여하는 Network

그러므로 이럴 경우의 Dummy는 상기 구성도에서 표현된 바와 같이 Unique Numbering Dummy와 Time Lag Dummy의 두 가지 의미를 모두 내포하고 있는 경우로 사용된 것이다. 그러나 그림 5.16 구성도에서의 Dummy는 작업A 종료 후 작업B와 작업C가 동시작업이므로 Dummy에 날짜를 부여할 필요가 없으므로 오직 Unique Numbering Dummy로서만 사용된 것이다.

3. 일반해(3)의 Dummy 분석 및 명명

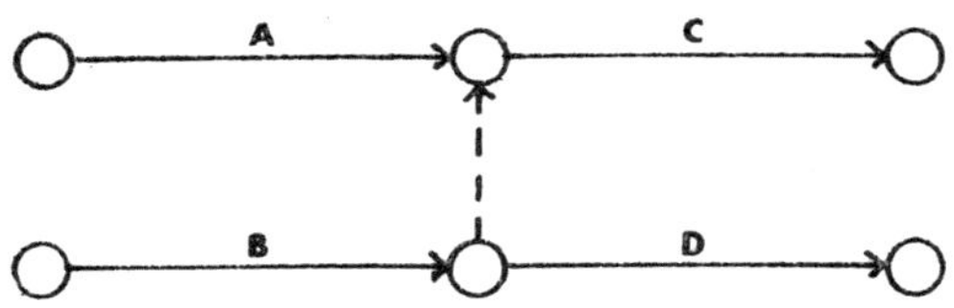

Network 구성도는 앞의 일반해(3)에서의 그림 5.3이다. 이 구성도의 해석을 일반해(3)에서보다 좀 더 합리적인 해석을 하면 다음과 같이 설명되어야 한다. 즉 작업C의 선행공사는 작업A이고, 작업D의 선행공사는 작업B이다. 그러나 Dummy 때문에 작업C는 작업B의 후속공사로서의 종속관계에 있지만, 엄격히 해석하면 선행공사인 작업A가 종료되었다고 하더라도 작업B가 종료되지 않으면 작업C를 착수할 수 없도록 작업C는 작업B에 구속을 받는다. 이러한 경우에 이용되는 Dummy를 명명하여 Restraint Dummy(구속더미)라고 한다.

Restraint Dummy를 사용하는 경우의 Network 구성도 예로서 그림 5.18에서 사용된 Dummy는 Restraint Dummy와 Time Lag Dummy 두 가지 의미의 Dummy가 사용되었는데, 판별하기가 쉽지 않다. 그림 5.19 구성도와 비교하면 Dummy가 사용된 의미를 곧 판별하기 용이할 뿐만 아니라 Network 구성 시에도 내용에 따라 Dummy의 사용을 편리하게 활용할 수 있다.

또한 그림 5.18과 같이 Dummy에 날짜가 없는 경우, 즉 Dummy의 날짜가 0(Zero)인 경우인데, 그림 5.20과 같이 Network를 재구성할 수 있으나 ⑥-⑧의 구속더미 때문에 ④-⑭와 ④-⑯ Activity 두 작업이 함께 구속받는 결과가 되므로 원래 스케줄 내용의 목적과 다르게 될 뿐만 아니라 Dummy의 화살촉 방향이 역진방향으로 구성되는 큰 구성착오(Logic Error)가 생기므로 반드시 주의하여 Network을 구성하여야 한다.

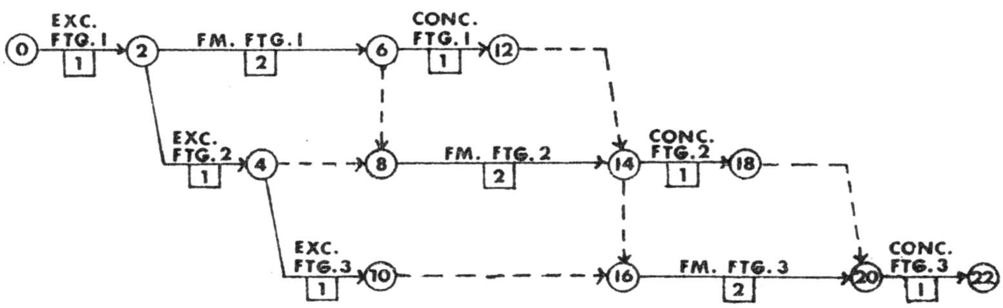

그림 5.18 Restraint Dummy와 Time Lag Dummy와 구별하기 어려운 Network 구성도

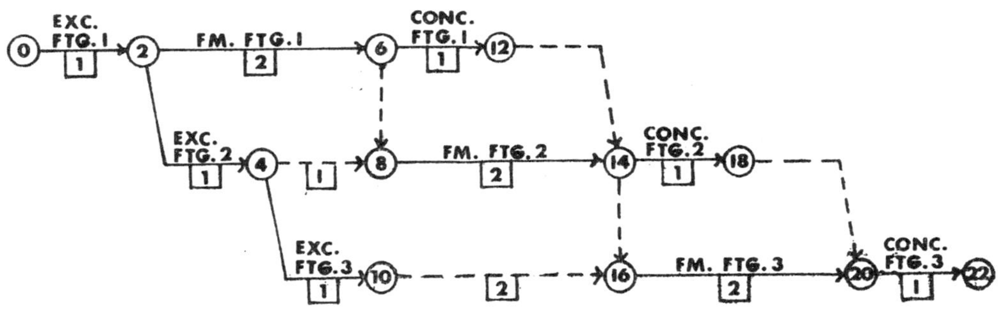

그림 5.19 Restraint Dummy와 Time Lag Dummy와 구별이 용이한 Network 구성도

4. 일반해(4)의 Dummy 분석 및 명명

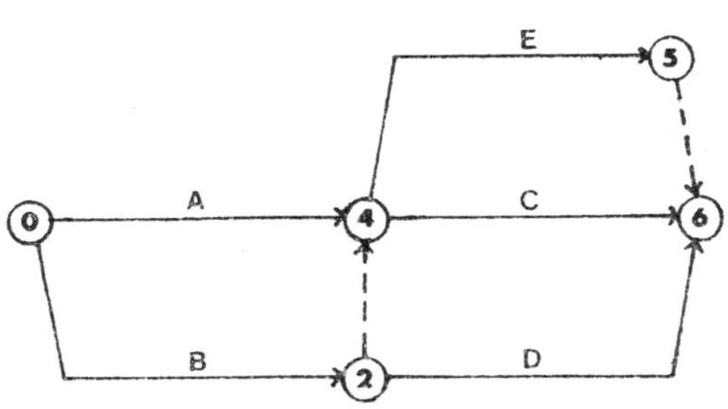

위의 Network은 일반해(4)의 그림 5.4이다.

위의 Event Number ⑤-⑥ Dummy는 Unique Numbering Dummy(단일 번호 더미)이고, ②-④ Dummy는 Restraint Dummy(구속더미)라고 분석 및 명명되었다. 특히 구속더미 이용 시 주의해야 할 사항으로 작업A의 공기보다 작업B의 공기는 같거나 짧아야 한다. 작업B가 작업A보다 공기가 짧을 경우는 Dummy가 역방향으로 되기 때문이다.

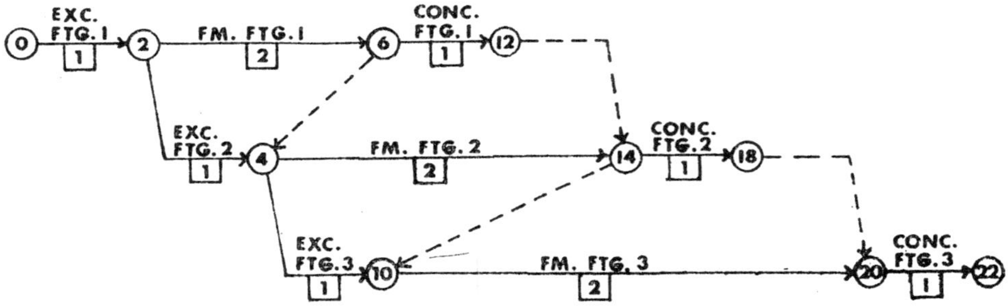

그림 5.20 Logic Error가 생기는 구속더미의 예

5. 일반해(5)의 Dummy 분석 및 명명

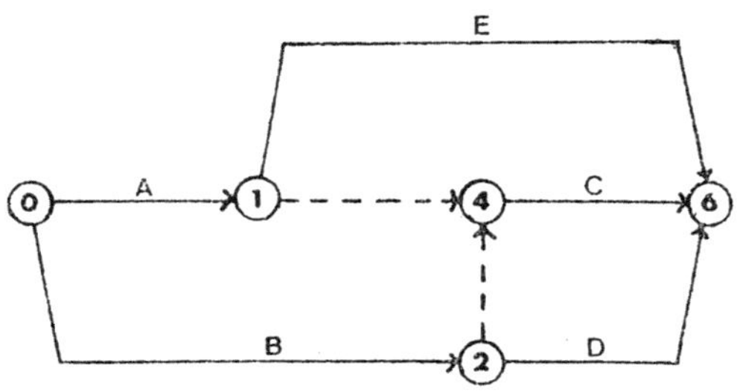

위의 Network 구성도는 일반해(5)의 그림 5.5이다. 여기서 Event Number ①-④ Dummy는 Time Lag Dummy이고, ②-④ Dummy는 Restraint Dummy라고 《분석 3》에서와 분석 및 명명한 바 있다.

위의 구성도에서 ②-④ 구속더미 또한 작업A와 작업B의 공기가 같거나 작업B의 공기가 짧도록 계획되어야 당연하다. 작업A와 작업B의 공기가 같을 경우 ①-④ Dummy의 Time Lag 공기는 0(Zero)이고, 작업A의 공기가 작을 경우 ①-④ Dummy에 공기를 주어 작업B의 공기와 같거나 많도록 조정하여 Logical Loop가 생기지 않도록 유의하여야 한다.

CPM Network Logic 구성시의 Dummy는 공정계획 내용에 따라 3가지 의미로 활용할 수 있음을 분석하고 명명하였다. Dummy란 작업 활동 및 시간의 개념이 없으며, 작업과 작업의 연결의미 밖에 없다는 종래 개념에서 탈피하고 앞에서 분석 · 명명한 바와 같이 Dummy는 다음과 같이 3가지 의미를 갖는 Dummy 명칭으로 활용되어야 한다.

① Time Lag Dummy(기간 지연 더미)

② Unique Numbering Dummy(단일번호더미)

③ Restraint Dummy(구속더미)

위의 3가지 Dummy의 의미를 충분히 이해하고 십분 활용하면 공정계획(Construction Scheduling) 수립 시 합리적인 Network 구성을 구현할 수 있고, 스케줄 내용면에서도 충실도가 높으며, 특히 공정세분화(Sub Network)작성 시와 자금계획(Cost Control)에 기여하는 바가 크며, 이를 위한 최선의 방법은 CPM Network Logic 구성에 정확성을 기해야 한다.

공정계획 수립은 처음부터 일정계획의 내용이 합리적이고 충실해야 이에 뒤따르는 모든 계획, 즉 자금계획, 기성계획, 공기단축 및 연장계획, 인력관리, 자재관리, 진도관리, 대내·외관계 업무, 감독자 사전 지침 등등 전반에 미치는 영향의 기대치가 높다. 반면에 개략공정과 내용이 불충분한 공정내용을 가지고 컴퓨터 처리로서 수시로 updating(수정공정)하고자 하는 의도의 컴퓨터 의존도가 높으면 차후 많은 차질을 가져오는 결과를 초래하게 된다. 따라서 Scheduler(공정계획자)는 해당 프로젝트에 관한 모든 정보 자료를 사전 수집·분석하고 이에 따른 계획을 CPM Network으로 반영·작성하여야 한다.

5 3 CPM Diagram 형식

CPM 모델의 기본구성 원리는 액티비티를 척도화하지 않고 non-scaled로 작도하도록 되어 있다. 다음 그림 5.21은 액티비티를 non-scaled로 작도한 CPM 네트워크의 한 예로서 각 공종마다 일정기간과 관계없이 액티비티의 길이가 서로 다르다. 즉 ⓘ-ⓙ 번호, ③-⑨

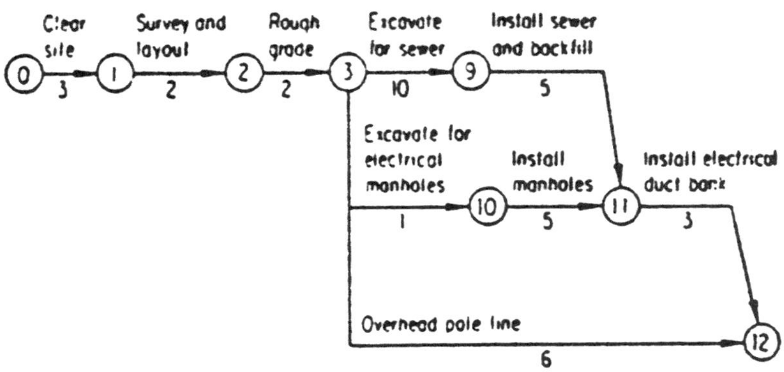

그림 5.21 Activity의 길이를 non-scaled로 작도한 CPM network

의 공기는 10일, ③-⑩의 공기는 1일인 경우에도 ③-⑩ 액티비티 길이가 더 길게 작도되었음을 볼 수 있다. 이와 같이 non-scaled로 작도하여도 무방하다는 기본원리는 스케줄 내용을 컴퓨터에 입출력시켜 얻은 리포트 자료만으로 프로젝트 공정관리에 대처하겠다는 뜻이 된다.

그림 5.21은 non-scaled로 작성된 CPM 네트워크 중에서도 어느 정도 구성 내용이 잘되었다고 평가할 수 있다. 그러나 그림 5.22와 5.23은 non-scaled로 작도한 CPM 네트워크로서 스케줄 내용은 같으나 그림 5.22의 구성 내용이 불만족스러우므로 이를 그림 5.23과 같이 재정리하여 작성한 네트워크이다. 이렇게 그림 5.22와 같이 네트워크 구성이 복잡하거나 불만족스럽거나 이해하기 어렵게 구성된 CPM 네트워크를 Rough CPM이라고 하며, Rough CPM을 그림 5.23과 같이 재정리한 CPM을 Rearrange CPM이라고 한다.

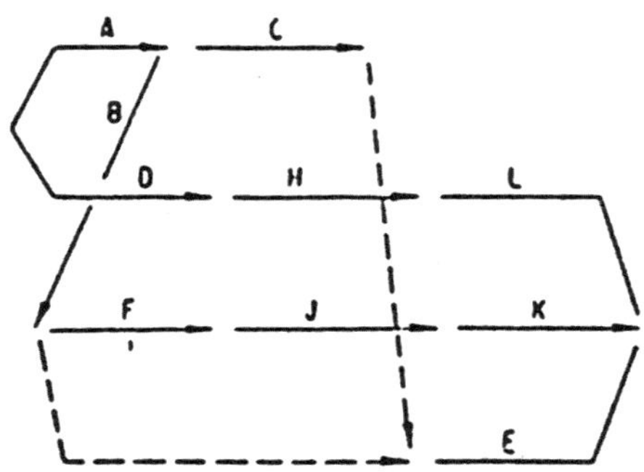

그림 5.22 Rough CPM Network

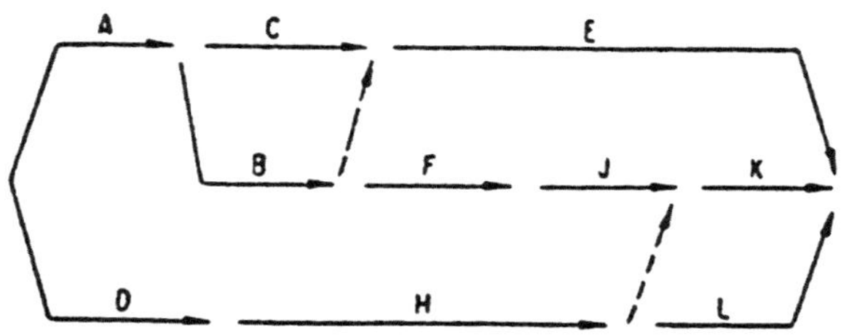

그림 5.23 Rearrenged CPM Network

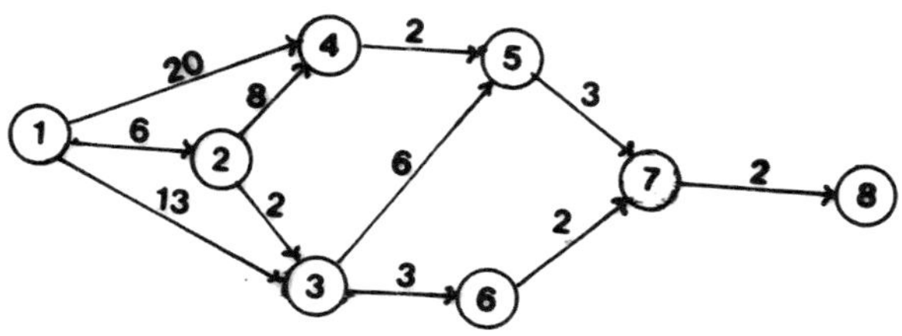

그림 5.24 Rough CPM Network

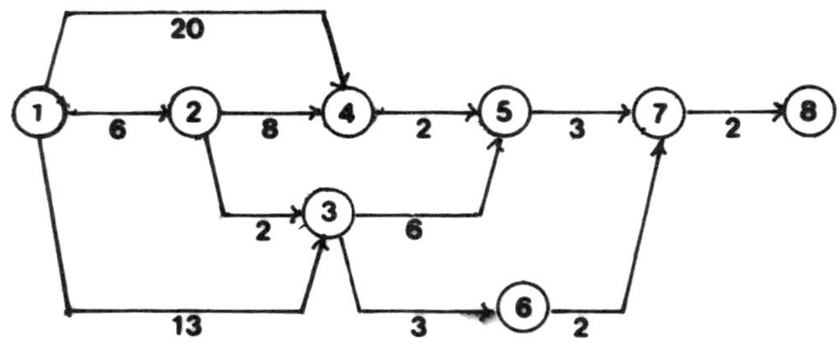

그림 5.25 Rearrenged CPM Network

제 6 장

CPM 네트워크 구성시 액티비티의 길이 척도화

액티비티의 비벡터화와 벡터화에 대한 비교분석

프로젝트의 총 공사 소요기간 및 적정 공기를 확정하기 위한 일환책으로 공정계획을 수립하게 되며 일차적 과정으로서 공정표를 작성하는 것이 기본이다.

공정표는 프로젝트의 합리적인 공사관리를 위하여 활용면에서 작성기법이 여러 가지가 있으나 일반적으로 다음의 4종류 공정표 작성기법을 주로 활용하고 있다.

① Bar chart

② PERT(Program Evaluation & Research Technique)

③ CPM(Critical Path Method)

④ PNS(Precedence Network Schedule)

위의 4가지 공정표 작성기법 중에 바차트 공정표를 제외한 나머지 기법은 모두 네트워크식 공정표이다. 네트워크식 공정표는 컴퓨터 적용이 가능하도록 개발된 기법으로서 공정관리 시 차질공정을 수시로 파악하여 대처할 수 있다는 데 편리한 점이 있으며, 특히 CPM은 건설공사 스케줄 계획을 위해 개발된 기법이다.

CPM network logic 작성방법으로는 다음과 같이 3가지로 구분할 수 있다.

① 공사의 선행공사, 동시공사, 후속공사 등을 순차적으로 정리하면서 CPM 네트워크를 직접 작성하는 방법

② 각 단종공사마다 횡선식 막대그래프를 규모 있게 작성한 후 이 횡선식 막대그래프를 다시 CPM 네트워크로 재작성하되 액티비티를 non-scaled로 작성하는 방법

③ 위의 ②항과 같이 작성하되 액티비티를 time-scale화하여 작성하는 방법

위의 CPM 네트워크 작성기법 중에서 ①항과 같은 방법으로 작성하기란 매우 어려운 과정이며, 많은 경험을 가진 전문가도 직접 네트워크 구성을 하게 되면 환상선(環狀線, logic loop)나 액티비티 간에 엉키는 구성이 되기 쉬워 이를 재정리하는 노력과 시간적 낭비 또한 크게 소요된다. 그러므로 경험이 많은 전문가도 일단 횡선식 막대그래프로 정리작성한 후 이를 기본자료로 삼아 CPM 네트워크를 구성하는 방법이 바람직하다. 이렇게 횡선식 막대그래프는 CPM 네트워크 구성의 기본자료로서 활용될 뿐만 아니라 개략공정 또는 세부공정계획 시에도 편리하게 이용되며, 월별, 분기별 소요자금계획 등에도 널리 활용되고 있는 기법이다.

횡선식 막대그래프 공정표와 CPM 공정표를 한 사람이 작성하였다면, 표현 형식만 다를 뿐 공정계획 과정이나 내용은 같을 수밖에 없다. 단지 횡선식 막대그래프 기법의 단점이라

면 컴퓨터 이용이 불가능한 기법으로서 공정관리상 수시로 대처(up dating)하기가 곤란하다는 점을 제외하고는 이용도가 높은 기법 중 하나라고 평가할 수 있다.

횡선식 막대그래프는 원래 생산관계의 관리 통제 목적에서 창안되었으므로 프로젝트형에는 잘 맞지 않는 기법이며 구태의연한 기법처럼 혹평되어 있는 문헌을 볼 수 있다. 그러나 횡선식 막대그래프의 기법을 도외시하여서는 안 되며, 네트워크식 공정표 작성에 앞서 이 기법을 기본자료로 활용하여 네트워크 구성을 하는 것이 바람직하다. 횡선식 막대그래프 공정표는 막대 액티비티의 일정을 척도화시킨 캘린더(calendar)상에 도식화하는 기법으로서, 막대 액티비티의 길이로서 공사의 착수기간 및 종료기간을 나타내는데, CPM 네트워크 구성에서는 기본 구성 모델인 화살선 액티비티(arrow activity)의 길이를 기간 척도화하지 않고 non-scaled로 작성하도록 되어 있다.

CPM 네트워크 구성 시에도 화살선 액티비티(arrow activity) 길이의 일정을 척도화하여 캘린더상에 도식화함으로써 액티비티의 길이를 non-scaled로 작성하는 경우와 기법 차이점을 비교 · 분석하여 CPM 네트워크 구성은 물론 공정관리 시에 유용하게 활용할 수 있는 방안을 제시함으로써 앞으로 CPM 네트워크 구성시에는 액티비티를 time-scale화하여 작성토록 함에 그 목적이 있다.

6 1 CPM Model의 基本構成과 Diagram

1. CPM Model의 기본구성 이론(基本構成 理論)

Critical Path Method의 중추는 프로젝트를 그래픽모델화하는 데 있다. 모델의 기본구성은 화살선이며, 각 화살선은 프로젝트 상에서 단일 액티비티로 표현된다. 화살선의 꼬리부분은 액티비티의 착수시점으로 표현되며 화살촉 부분은 완료 시점으로 표현된다. 액티비티는 벡터(Vector)가 아니며 따라서 화살선의 길이는 시간적 길이를 의미하는 것은 아니다. 이 액티비티는 커브(curve)나 구부러지게 사용할 수도 있다. 그러나 각 화살선은 별개의 액티비티이므로 서로 교차되어서는 안 된다.

이와 같이 rough한 CPM을 rearrange CPM으로 재정리하여 서로 비교해 보면 누구나 네트워크 구성이 규모 있게 잘 되었다고 느끼게 될 것이다. 실제 공정관리 시에 수천 개의 액티비티가 rough하게 구성되었다면 실무자의 이해도와 접근도가 낮을 뿐만 아니라 관리하기에 거의 불가능하다.

건설 분야에서 프로젝트의 총 책임을 맡고 있는 현장소장을 비롯하여 프로젝트 참여 기술자 대부분이 CPM에 의한 공정관리의 필요성은 인식하고 있으나 네트워크 구성 그 자체가 불가능하거나, 이해 부족으로 실제 현장업무에 이를 적용하기를 등한시하고 기피하는 요인이 된다. 따라서 다음과 같이 제반 사유를 들 수 있다.

첫째, 일반적으로 공정관리 담당자는 프로젝트 진도 과정에 대한 시공상 기술적 지식 능력이 부족하여 기술진에게 횡선식 막대그래프 공정표 작성을 협조 · 요청하여, 이를 네트워크식 공정표로 재구성하고 컴퓨터에 의한 입출력 과정을 거쳐 얻은 자료로서 공사 종료시까지 관리하고자 하지만 공사 진행과정상 수시 변경사항을 기술진의 협조 없이는 그 내용을 감지할 수 없으므로 이에 대한 대처방안이 결여되어 있다는 점이며

둘째, 시공기술 능력을 보유한 기술자들은 일반적으로 CPM에 의한 공정관리 이론 및 적용 능력이 부족하여 공정관리 담당실무자에게 공사 진도 과정에서의 불합리한 점과 대책방안을 제시하지 못하고 있는 실정이고

셋째, 기술자 저마다의 기술지식 내용을 타 기술자에게 전수하고자 하는 마음의 자세가 결여되어 있어, 이러한 이유로 주어진 자기 담당업무만 고수하려는 성향 때문에 공정관리에 일관성이 없어 공사 진행 과정에 차질을 빚게 된다.

위와 같이 업무협조가 이원화되어 있어 공사 진도 관리에 차질을 초래하고 있다. 이에 대한 해결책이라면, 일차적으로 공사 진행 과정과 각자 주어진 자기 업무내용을 실무에 적용하여 살펴볼 수 있는 어떤 요소가 있어야 하는데, 이 요소가 곧 공정표의 이해와 작성능력이라고 할 수 있다.

대체로 횡선식 막대그래프 공정표의 작성 과정과 이해 능력은 갖추고 있는 반면에 CPM 공정표의 적성과정과 이해 능력은 부족한 것이 일반적이다. 그러므로 횡선식 막대그래프 공정표로서 CPM 네트워크 구성 시에 화살선 액티비티(arrow activity)의 길이를 non-scale로 작성함을 배제하고, 횡선식 막대그래프 작성과 같이 CPM에서도 캘린더의 작성을 인용하여 화살선 액티비티(arrow activity)를 scaled화하여 작도하게 되면 횡선식 막대그래프와 같이 CPM기법도 쉽게 작성 및 이해가 가능하여 이 기법의 접근이 쉬울 것으로 생각된다. 이러한 사항을 다음 절에서 표현 분석코자 한다.

6 2 Activity Length의 Non-Scaled 및 Scaled 事例

1. Non-Scaled CPM 네트워크의 경우(1)

그림 6.1은 그림 5.1과 같이 액티비티의 길이를 non-scaled로 작성한 CPM 네트워크공정표이다. 편의상 그림 6에서 액티비티의 공종명을 알파벳으로 약칭하고, 착공일을 2015. 4. 7일자로 임의 설정하였다.

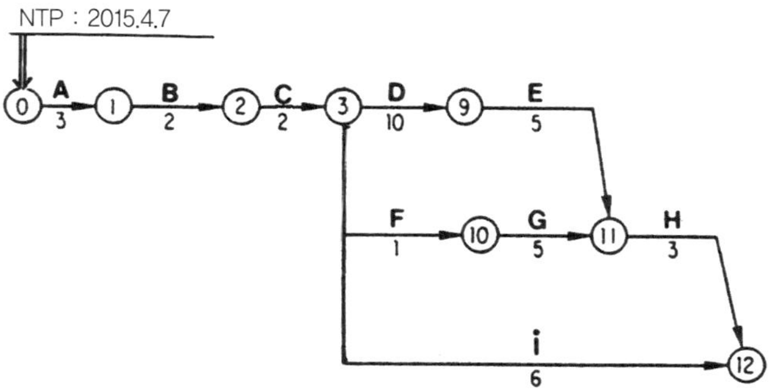

그림 6.1 Activity를 non-scaled로 작도한 CPM network

그림 6.1의 CPM 네트워크에 의한 공정관리를 해볼 수 있는 능력의 한계는 대학교육 과목 중 건축시공학에서 한 chapter 정도의 공정관리 이론과 국가기술자격시험 출제 내용 정도로서, 일정계산법인 전진(forward pass)과 역진(backward pass) 수식계산법에 의하여 ES, EF, LS, LF를 구하고, 따라서 총 공정기간 및 critical path와 여유공정이 같은 float(TF, DF, FF) 계산, 그리고 공기단축이론 정도의 수준에 머무르고 있다. 그림 6.1의 CPM 네트워크를 가지고 표 6.1과 같이 스케줄 자료를 작성하여 일정관리를 하는 데는 컴퓨

표 6.1 그림 6.1 CPM Network에 의한 activity schedule report

***** 액티비티 일정 보고서 *****

PROJECT : 1-2
DATA DATE : 16/07/31
SORTED BY : ACODE

16/08/01 - 16/08/15

액티비티 코드		액티비티명	소요공기 예상	소요공기 현재	소요공기 잔여	진척 상황	CT	가장 빠른 착수일	가장 빠른 종료일	가장 늦은 착수일	가장 늦은 종료일	총 여유	자유 여유	비고
0	2	A	5	5	5			16/08/01	16/08/05	16/08/01	16/08/05	0	0	C.P.
2	3	C	2	2	2			16/08/06	16/08/07	16/08/08	16/08/09	2	0	
2	6	B	6	6	6			16/08/06	16/08/11	16/08/06	16/08/11	0	0	C.P.
3	4	DUMMY	0	0	0			16/08/08	16/08/07	16/08/10	16/08/09	2	0	
4	6	C	2	2	2			16/08/08	16/08/09	16/08/10	16/08/11	2	2	
6	8	D	4	4	4			16/08/12	16/08/15	16/08/12	16/08/15	0	0	C.P.

회사명 : 공관 프로테크
부서명 : PART

터를 이용하지 않고는 거의 불가능한 일이다. 혹자는 일견 간단하게 작성할 수 있다고 생각할 수도 있다. 이러한 발상은 그림 6.1의 액티비티가 9개 정도에 지나지 않기 때문일 수도 있으나, 실제 소단위, 대단위 프로젝트의 CPM 스케줄에서는 액티비티의 수가 수백 내지 수천 개가 되기 때문에 컴퓨터에 의존하지 않고 수작업으로 표 6.1과 같이 작성하여 일정관리를 하기에는 더욱 불가능한 것이다.

일정관리를 하기 위한 기본체계 순서로 일차적으로 CPM 네트워크 스케줄 작성 과정을 거친 후, 이차적으로 작성된 스케줄 내용을 컴퓨터에 입출력하여 일정관리에 필요한 각종 report를 얻게 된다. 이렇게 하여 얻은 각종 기본자료를 가지고 공사관리를 하게 되는데 공사진행 과정에서의 변경사항 등 재수정(updating)할 경우 일차적으로 작성된 CPM 네트워크 스케줄은 도외시하고 이차적으로 컴퓨터에서 얻은 각종 자료(tabulation)만으로 재수정(updating)함으로써 실제 관리상의 체계가 이원화되어 있다. 이를 단일 체계화하는 방안으로 액티비티의 길이를 vector화하여 네트워크 구성을 함으로써 스케줄 내용과 각종 자료를 통일성 있게 관리할 수 있는 체계를 모색코자 한다.

2. Scaled CPM 네트워크의 경우(1)

그림 6.1의 경우와 같이 액티비티의 길이가 non-scaled로 작성된 CPM 네트워크를 다음과 같이 횡선식 막대그래프로 작성하여 보면 그림 6.2와 같다. 횡선식 막대그래프 양식에는 캘린더가 작성되어 있으므로 각 단위공종마다 막대 액티비티의 길이로서 착수일과 종료일을 캘린더 일정에 맞추어 표시하게 됨으로써 각 공종마다의 공사기간을 한눈에 파악할 수 있다. 이와 같은 방법으로 CPM 네트워크 구성 시에도 캘린더를 작성하고 각 공종마다 화살선 액티비티(arrow activity)를 vector화하여 네트워크 구성을 하게 되면 그림 6.3과 같이 작도할 수 있으며, 따라서 각 공종마다 액티비티 착수일과 종료일을 컴퓨터에 의한 출력자료 없이도 한눈에 파악할 수 있게 된다.

예를 들어 그림 6.2의 횡선식 막대그래프에서나 그림 6.3의 CPM 네트워크에서 'D' 공종의 착수일과 종료일, 공사기간을 살펴보면, 착수일과 '97. 4. 14부터 '97. 4. 23까지임을 바로 확인할 수 있을 것이다. 이렇게 캘린더에 표시된 일정기간 만큼 액티비티 길이를 vector화하여 작도하면, 컴퓨터에 의한 출력자료 없이도 각 공종마다의 일정기간을 바로 알 수 있게 됨으로써 CPM 네트워크 공정표와 컴퓨터에 의한 스케줄 출력자료 내용은 서로 일원화되었다고 볼 수 있다. 즉 공정관리 담당 실무자는 물론 프로젝트 참여 기술자들마다의 담당공사 진행과정을 파악하기 용이하도록 캘린더가 작성된 CPM 네트워크 스케줄을 수시로 참조함으로써 공사 수행에 차질이 생기는 제반 문제 등을 감지할 수 있어 이를 프로젝트

기술회의시, 특히공정관리 실무자에게 제안 · 제시하여 차질이 생긴 부분을 수시로 체크하고 수정할 수 있는 계기가 생김으로써 공정관리 실무자와 각 분야별 기술진 간에 협조와 의견 일치화를 얻을 수 있어 전반적인 프로젝트 관리업무의 흐름이 순조로워지게 마련이다.

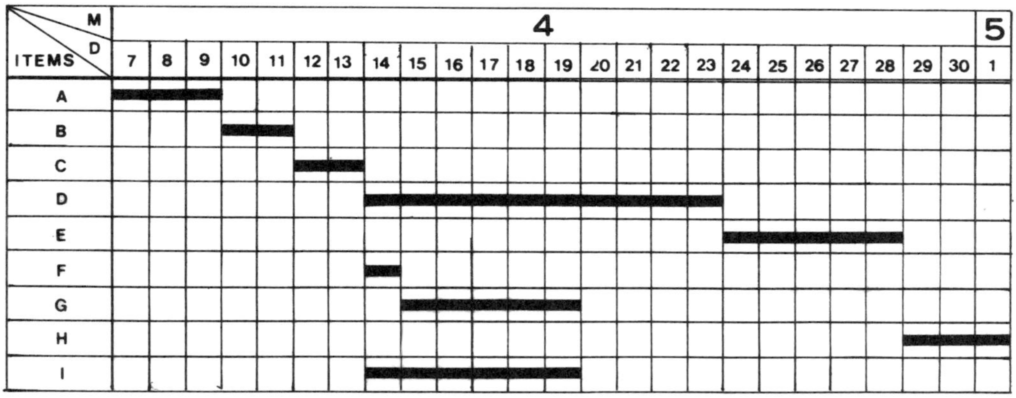

그림 6.2 그림 6.1 CPM Network에 의한 Bar Chart

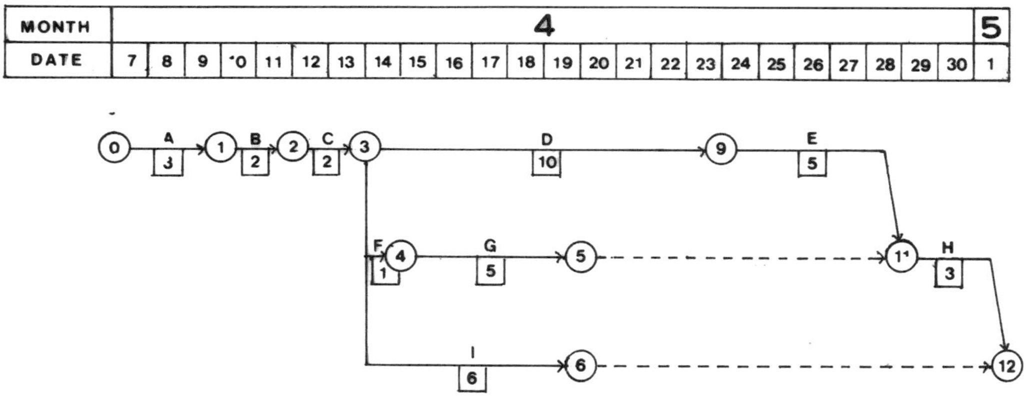

그림 6.3 그림 6.2의 Bar Chart를 Activity를 Vector화하여 작도한 CPM Network

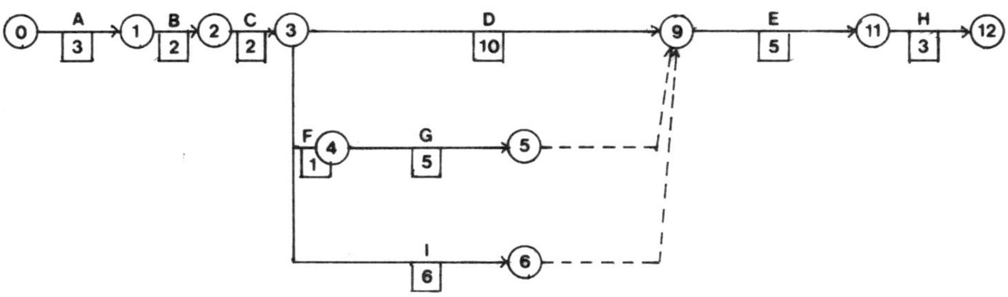

그림 6.4 그림 6.3의 CPM Network Schedule에서 Float를 갖는 공종의 LST Schedule

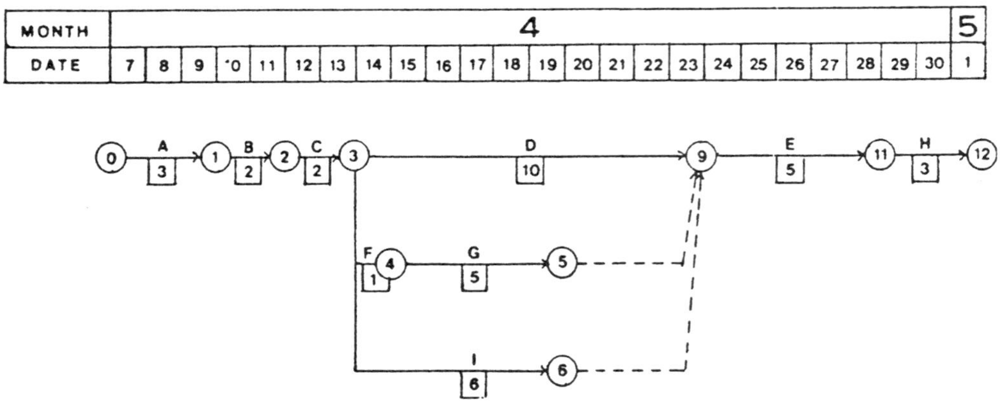

그림 6.5 그림 6.3의 CPM Network Logic 구성에서 Dummy의 연결체계를 변경한 CPM

그림 6.1의 CPM은 그림 6.2 횡선식 막대그래프로 그림 6.3 CPM으로 각각 변경시켜 작성된 것이므로 그림 6.1, 6.2, 6.3의 스케줄 내용은 모두 동일하다. 그러나 여유기간을 갖는 공종의 착수일을 LST 시점에서 착공할 경우의 CPM 네트워크는 그림 6.5와 같이 작도된다.

3. Non Scaled CPM Network의 경우(2)

다음의 그림 6.6 CPM 네트워크 또한 액티비티의 길이를 non-vector로 작성한 것으로서 네트워크 구성 그 자체가 흥미롭게 보일 수 있지만 그림 6.7과 같이 액티비티를 모두 vector화하여 작성하고, 그림 6.6과 그림 6.7을 서로 비교하여 보면 네트워크 구성이 잘못되었거나공정관리 실무이론상 불합리한 점이나 불필요한 내용의 수정이 필요한 곳도 발견할 수 있을 것이다. 이를 살펴보면 다음과 같다.

① 그림 6.7에서 이벤트 번호 32-26의 구속더미는 역방향으로 구성 내용이 잘못되어 있다. 이러한 역더미를 수정하면, 그림 6.8에서 이벤트 번호 26-33과 같은 time lag dummy (쉬는 기간 더미)를 사용하여 역더미 방향을 수정할 수 있고, 또 한 가지 방법으로 12-26 공종의 공기 7일에 4일을 더 가산하여 11일 공기로 조정하는 방법도 있다. 이러한 경우 7일간 공사시에 작업인원(man power) 계획을 11일간 공사에 맞도록 작업인원을 축소 조정해야만 한다. 이와 같이 잘못 구성된 부분을 수정 · 조정하려면 액티비티를 vector화하여 작도된 CPM 네트워크에서만이 쉽게 수정 · 조정 가능하다.

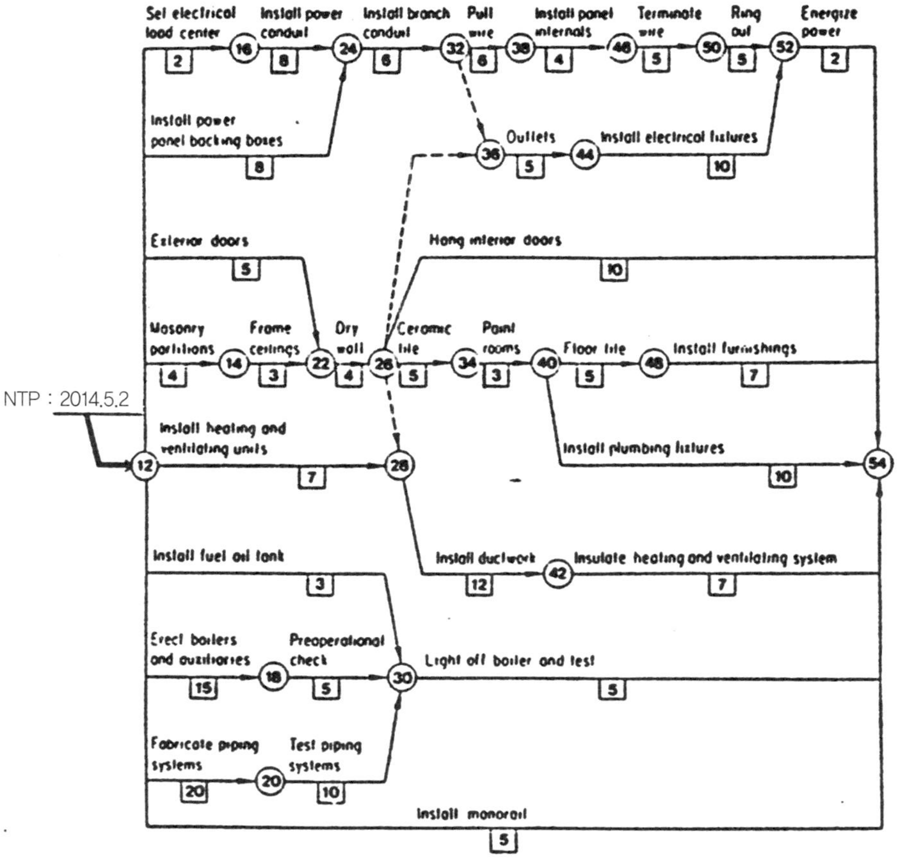

그림 6.6 Activity를 Non Scaled로 작도한 CPM Network
※NTP(Notice to Proceduer) 착공일

② 그림 6.7에서 이벤트 번호 36-38의 구속더미가 없다고 가정하면, 38-50 공종의 공사 착수일은 이벤트 번호 32의 착수시점과 같게 된다. 그러나 36-38의 구속더미가 있으므로 32-38더미는 무의미하게 사용된 더미로서 그림 6.8과 삭제되어야 할 더미인 것이다. 그림 6.8에서는 36-38더미를 그대로 사용했지만 이 더미 또한 30-36공종의 후속공사 의미를 가지고 있기 때문에 삭제할 수 있는 것이다.

③ 그림 6.7에서 j 이벤트 뒷부분에 있는 더미(dummy)의 경우 더미(dummy) 길이만큼 float time(여유기간)을 가지게 된다. 따라서 더미(dummy)를 갖는 공종은 모두 critical path(최장공정, 절대공정)가 아니며, 이와 반대로 더미(dummy)가 없는 공종은 모두 critical path가 되는 것이다. 그러므로 CP를 수식계산(EST, EFT, LST, LFT) 없이도 한눈에 구분할 수 있다.

④ 그림 6.7에서 event 번호 12-16, 12-22 공종의 공사일정 각 3일과 5일인데 비하여 이 공종에서 이어지는 더미(dummy)의 길이는 각 17일과 33일이라는 긴 여유기간을 갖도록 네트워크 구성이 되어 있어, 더미(dummy)의 연결체계가 불합리하다고 할 수 있다. 이는 어디까지나 그림 6.6의 non-scaled CPM을 그림 6.7과 같이 time-scale로 작성해 봄으로써 느낄 수 있다.

⑤ 그림 6.8은 그림 6.7의 네트워크 구성 내용을 합리적으로 재정리한 CPM 네트워크이다. 여기에서 더미(dummy)를 삭제함으로써 CP가 된 공종도 있으며, 더미(dummy)를 구성함으로써 여유기간이 표시되는 공종도 있고, 그림 6.8에 특히 재조정된 내용 중에서 그림 6.7의 12-48 공종을 그림 6.8과 같이 12-27, 27-48로 분할시킴으로써 그림 6.7의 22-74의 긴 더미(dummy)를 그림 6.8에서와 같이 22-27의 짧은 더미(dummy)로 조정함으로써 여유기간(float time)이 짧게 되는 것이다. 이러한 사항을 네트워크 구성시에나 재수정(up dating) 과정에서도 활용되는 중요한 사항이다.

⑥ 또한 액티비티를 필요한 시점에 이벤트를 자유자재로 분할시키는 방법은 더미의 길이를 조정하는 방법 이외에도 다음과 같이 활용할 수 있다. 공정계획 시 계획 미숙으로 인한 누락 액티비티나 설계 변경 등에 의한 새로운 액티비티의 삽입이 용이하며, 기성관리를 위한 공사 진도 체크 시 미진척 공종을 다음 시기로 연장 작성하기 용이할 뿐만 아니라 자재 발주 및 반입시기를 규정하기도 매우 편리하다.

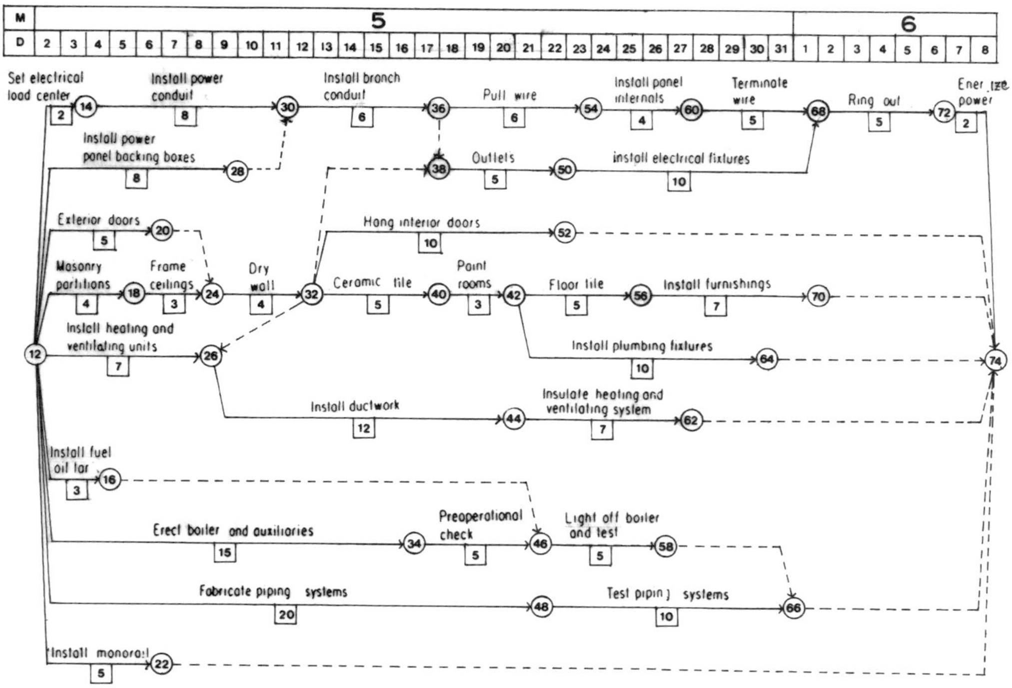

그림 6.7 그림 6.6 CPM Network의 Activity를 Vector화하여 작도한 CPM Network

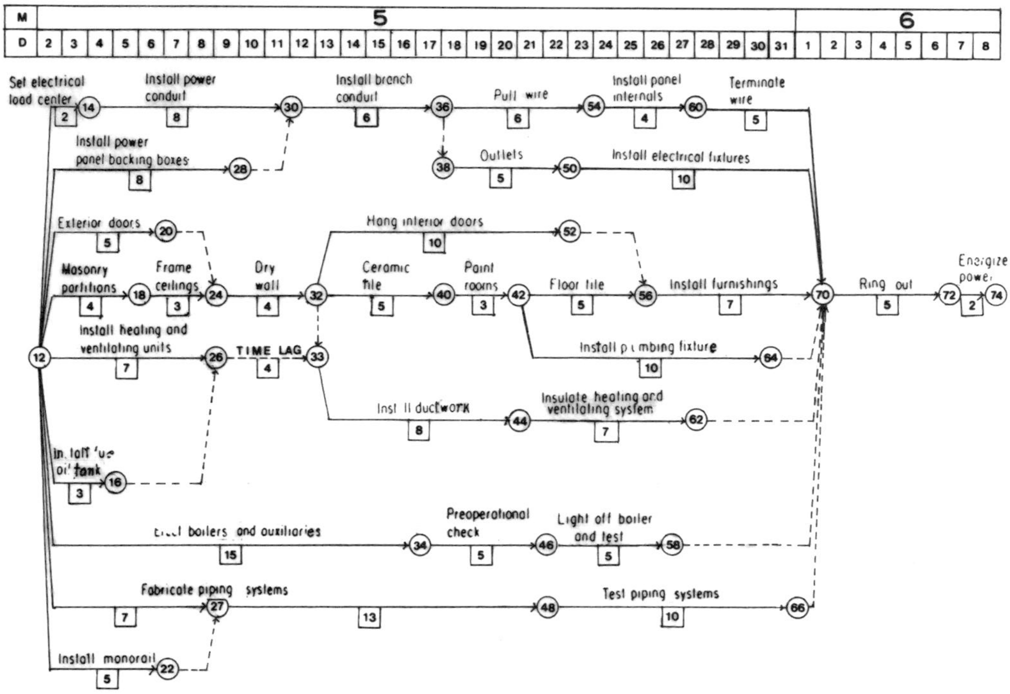

그림 6.8 그림 6.7 CPM을 Rearranged 및 Modifying한 CPM Network

6 3 Non Scaled / Scaled CPM의 비교분석(比較分析)

앞 절에서 CPM 모델의 기본 구성 이론과 네트워크 공정표 작성 형식에서 액티비티의 길이를 non-scaled로 작성하는데 대한 불합리한 내용을 기술하였고, 앞에서는 액티비티의 길이를 non-scaled로 작성하는 경우와 scaled로 작성하는 경우의 몇 가지 사례를 들어 그 내용을 살펴보았다. 따라서 CPM 네트워크 구성시, 액티비티를 non-scaled와 scaled로 작성할 경우의 두 가지를 공정관리 실무차원에서 종합적인 내용으로 정리하면 표 6.2와 같이 비교 · 분석할 수 있다.

건설공사의 관리체계는 공사의 일정관리 및 원가관리를 주제로 하고 있으며, 특히 강조

표 6.2 Non Scaled CPM과 Scaled CPM의 차이점에 대한 비교 분석

구분 \ CPM형식	Non Scaled CPM	Scaled CPM
Activity 길이	1. Activity의 길이가 non-Scaled이다. 2. 따라서 작성도 길이를 짧게 작도할 수 있다.	1. Activity의 길이가 time-Scaled이다. 2. 작성도 길이가 길어진다.
구성방법	3. logic 구성이 그림 4.6과 같이 rough한 CPM으로 작성되기 쉽고, 이를 그림 4.9와 같이 다시 rearranged CPM으로 재구성하기가 쉽지 않으며, 시간적 손실도 크다. 4. 체계적인 공종 분류가 쉽지 않아 logic 구성이 rough하게 될 수밖에 없으며, 따라서 logic loop가 생기기 쉽다.	3. 그림 6.3과 같이 Bar Chart 양식을 통하여 공종분류를 체계적으로 분류하고, Bar Activity를 작도한 후, 이를 그림 6.4와 같이 CPM network logic을 구성하게 되면 편리하다. 4. 체계적인 공종분류 과정은 Bar Chart 상에서 기분류한 이후 이를 network logic 구성을 하기 때문에 logic loop가 생기지 않는다.
공정관리차원	5. Computer를 사용하지 않고는 일정관리를 할 수 없다. 6. 공정관리 실무자에 의한 의존도가 높다.	5. Computer를 사용하지 않아도 그림 8과 같이 network 상단에 작성된 캘린더에 의하여 각 공종마다의 착수일과 종료일을 한눈에 파악할 수 있다. 6. CPM Schedule이 Vector화되어 있으므로 공정관리 실무자와 기술진 간에 차질공정에 관한 의견차를 일원화시킬 수 있다.
Logic구성상 장 · 단점	7. 총 공사기간 및 critical path는 컴퓨터를 사용해야만 알 수 있다. 8. event i-j번호가 공사 순서별(EST별)로 작성되지 않는다. 9. 요구되는 공사일정에 맞추어 누락 Activity를 삽입하기 곤란하다. 10. 역 공정계획시에 애로점이 크다. 11. Man power(인력관리) 계획이 어렵다. 12. 진도관리 및 기성관리하기가 불편하다. 13. 공기 단축 조정이 어렵다.	7. 총 공사기간 및 critical path는 캘린더가 작성되어 있으므로 한눈에 파악할 수 있다. 8. event i-j번호가 공사 순서별(EST별)로 작성된다. 9. 누락 Activity를 삽입이 용이하다. 10. 역공정계획시에 편리하다. 11. Man power 계획이 용이하다. 12. 진도관리 및 기성관리하기에 용이하다. 13. 공기 단축하기에 용이하다.

되는 중요한 업무로는 일정관리와 원가관리를 단일 체계화하는 데 주 목적이 있다. 공사관리는 부정연한 직감으로 작업관리하는 것을 배제하고 전산화할 수 있는 CPM기법으로 공사의 일정관리와 원가관리에 표준적 체계를 확립함에 목적이 있으며, 이러한 목적을 기본적으로 해결하기 위해서는 CPM 네트워크 구성을 합리적으로 작성해야 하는데, 그 일환책으로 CPM 네트워크 구성 시 액티비티의 길이를 time-scale화하여 작성함으로써 표 6.2의 내용을 포함하여 다음과 같은 기대치를 얻을 수 있다.

① 전체 공사를 준공하는 데 필요한 적정 공기를 예측할 수 있다.
② 공기 내 공사 준공을 위한 촉진시공에서 절대 필수 공정을 지적할 수 있다.
③ 초기 소요공기를 너무 길게 책정하였을 경우나 이와 반대의 경우 각각 공기단축 및 공기연장을 위한 지침을 준다.
④ 공기가 지연되었을 경우 지연 사유가 검토될 뿐만 아니라 이에 따른 공기 만회 대책을 강구할 수 있다.
⑤ 하도급자 관리 및 계약업무 관리에 관련된 모든 조치 사항을 적시에 컨트롤하기 용이하다.
⑥ 단위공종별로 필요한 현장시공도면(shop drawing) 제출 시기 및 자재 발주/반입 시기에 대한 기준을 제공한다.
⑦ 일정관리, 자원(자재, 인력, 장비)관리 및 원가관리의 추세를 분석하고, 이에 따른 자원 및 시간적 손실과 낭비의 대책을 강구할 수 있다.
⑧ 공정계획자의 계획 미숙으로 인한 누락 공종이나 설계 변경에 의한 신 공종 액티비티를 공종상에 부합되도록 삽입 · 조정할 수 있다.
⑨ 진도보고와 기록에 편리한 기준 자료를 얻을 수 있으며, 따라서 진도 체크에 따른 기성업무 및 자금계획 수립에 기준이 된다.
⑩ 공사 진도관리에 의한 월별 target 공정을 감지할 수 있고, 부진공사에 대한 Min/Max 후속공사 지연 예상 및 요인 대책을 강구할 수 있다.
⑪ 진행 중인 후속 액티비티에 대한 기능공의 숙련도 및 예상되는 난공사 체크가 가능하며, 이에 대한 대비책을 강구할 수 있다.
⑫ 감독자는 특기사항에 대한 사전 준비를 할 수 있는 지침이 된다.
⑬ 대내 · 외 관계 업무의 시점 및 내용 파악이 용이하여 사전 준비에 지침이 된다.
⑭ 각 Item별로 샘플, 서류 제출 및 승인 시기가 체크됨으로써 업무의 체계화를 기할 수 있다.

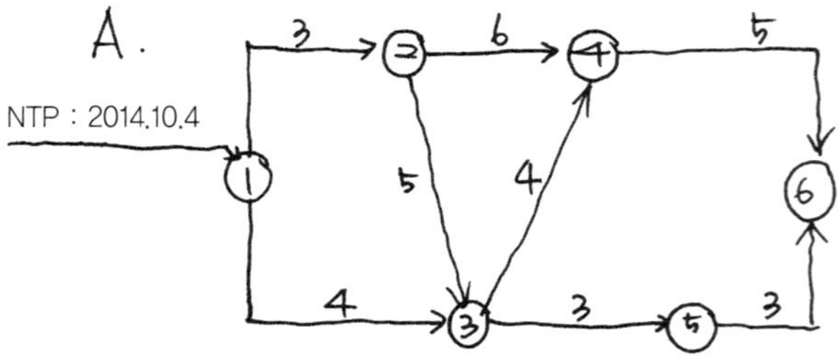

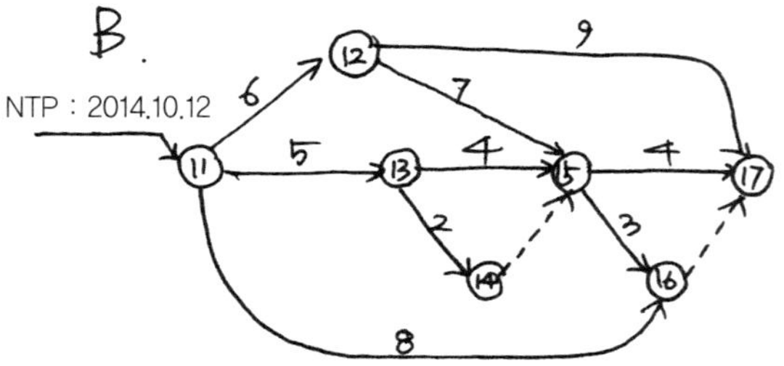

⑮ 공정계획 차질시 up dating하기 용이하다. 또한 참고로 다음의 A와 B의 Non-Scaled CPM으로 재정리해야 공정관리에 차질이 없다.

그리고 A와 B를 Rearranged(재정리)한 후의 A와 B를 합성시켜 네트워크를 작성해 보면 다음과 같이 작성할 수 있다.

① A의 Rearrange CPM

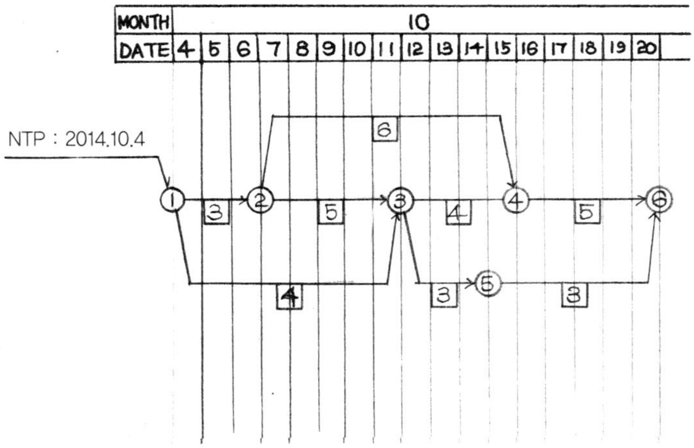

B의 Rearrange CPM

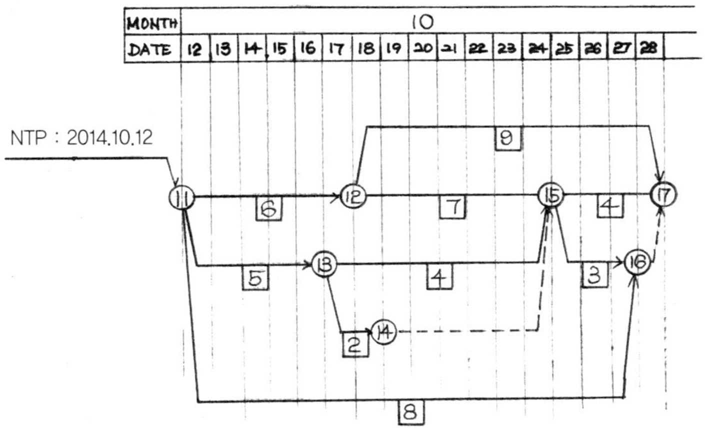

② A와 B의 합성 CPM

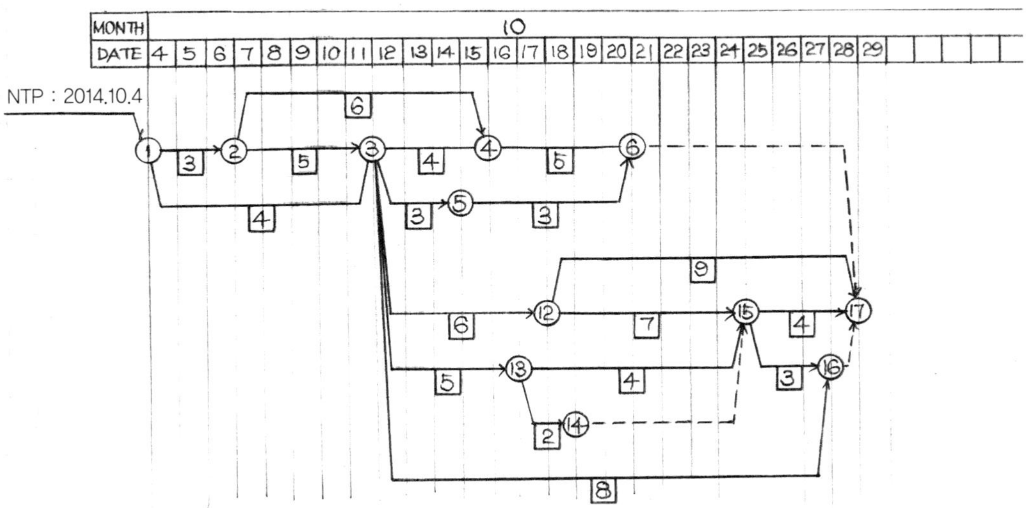

※ 다음의 예들을 'Rough CPM → Rearrange CPM'으로 합성해 보는 연습을 해보면 scaled CPM으로 작성해야 되겠다는 개념이 생길 것이다.

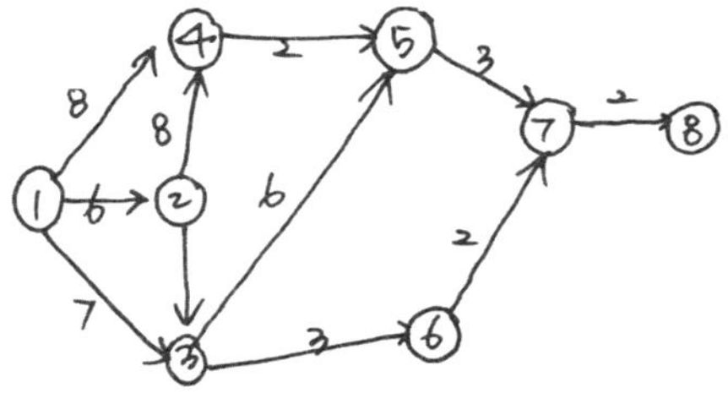

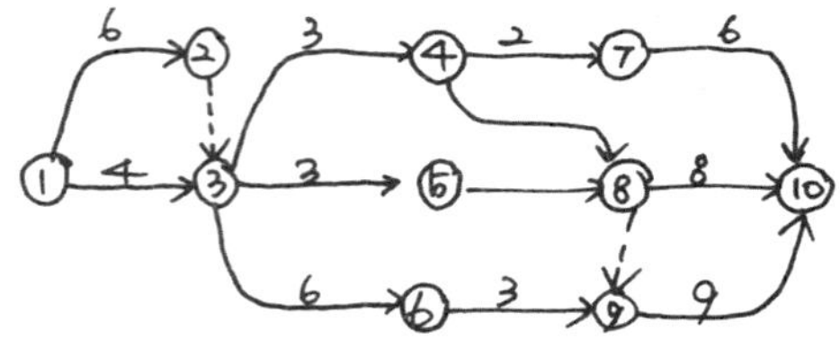

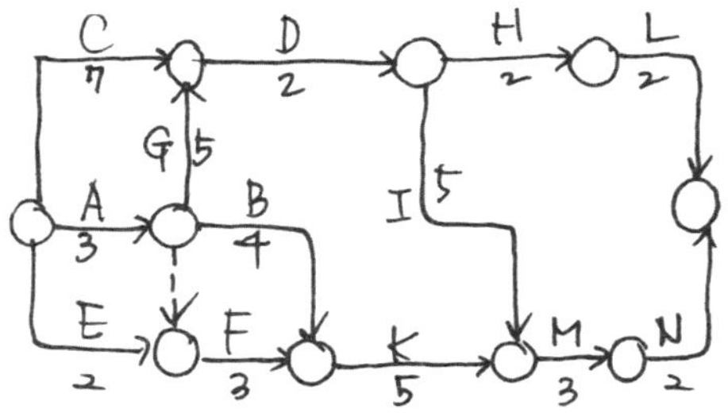

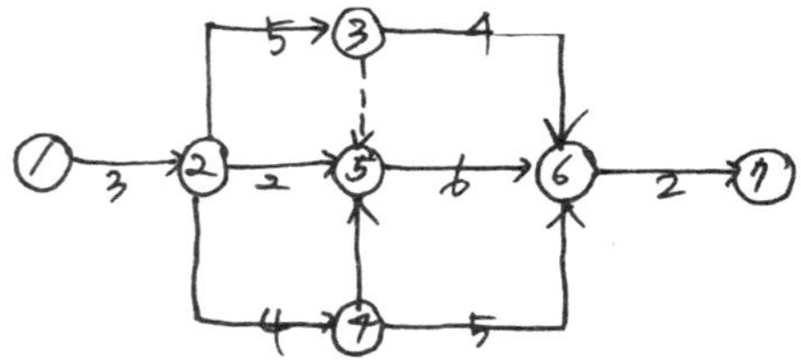

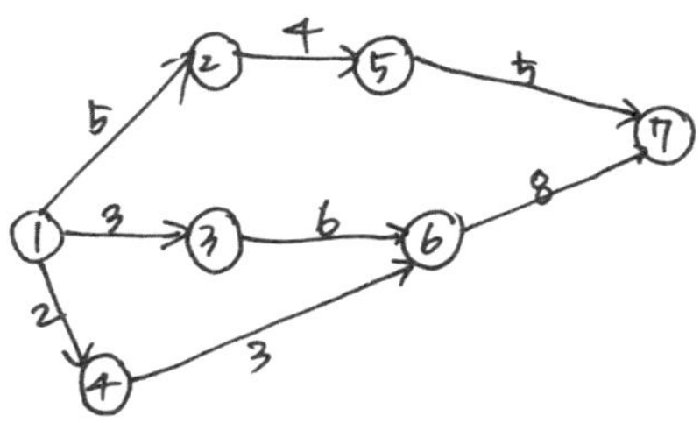

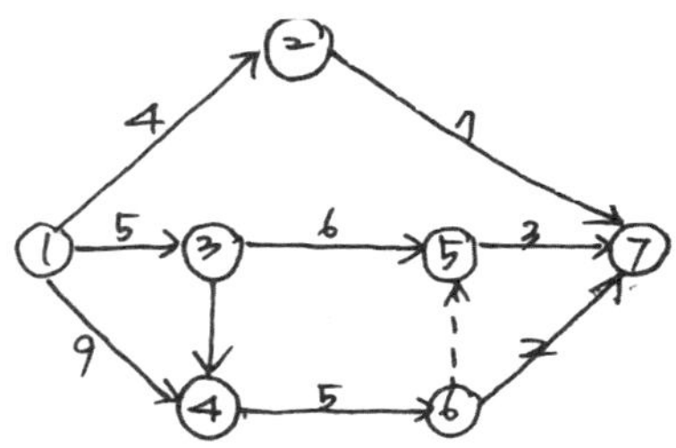

제 7 장

실무

7 1 Activity 착수

1. Activity 착수 3개월 전

(1) 개월 및 3개월 단위로 NAS를 분리, 집중 관리

주요공정 관리 기능 : 공정, 자원, 원가관리의 추세를 분석하여 자원 및 시간의 손실, 낭비를 막기 위해 다음을 실시한다.

① 예정된 시공 순서에 부합되도록 자원 조달의 완급을 조정

② 3~6개월 내 조달 확실한 자원을 최대 활용한 공법 및 공정계획 수립

(2) 공사담당

① 3~6개월 단위의 예상 진도 및 월별 Target 공정 및 공법

② 기간 중 월별로 인력(직종별 소요), 특수 공구, 주요 자재, 장비 사용 일정 List

③ 현재의 부진 공사로 인한 Min/Max 후속공사 지연 예상 및 요인대책

④ 특수 Activity의 작업을 위한 기능공 숙련도 및 예상되는 난공사

(3) 기술담당(S/D, QC)

① 잘못 시공된 부분

② 기간 내 Activity에 필요한 Shop Drwg 현황 및 감독으로 받지 못한 Detail Design 현황

③ 공종 간 상이한 Drwg(도면) 및 Spec. 등의 특기사항

④ 감독의 특기사항 사전 준비사항

⑤ 전반적인 Submittal & Approval/Item Status

(4) 노무부

① 직종별 인력 보유 및 송출, 귀국, 전입, 전출(향후 3~6) 현황

② 긴급한 직종의 가용 여부(본사 송출, 현장간 전용, 기타)

③ 대체가능 직종 파악 및 배치 효율 측정

(5) 자재부

① Delivery Status(공사기간 중 자재도착 예정일 Item)

② P/O Status

③ Inventory Status

④ 특정재 및 Long Lead Item의 S/DWG. P/O. MFG 진도 및 Delivery Process

(6) 장비부

① 장비 보유 현황 및 가동 상태

② 보유 예정(기간 중) 구매, 전용 임대

(7) 공무관리실(Scheduler 및 Engr)

① 시공진도 Updating : 지연공정 및 후속공정 현황 Float 검토

② 부하 집중 시설 파악 : 부하의 적성분산(Work Load Plan)

③ 공사부진의 주요인 파악(현장자재, 본사 및 지원부서 : 감독) : 해소 방안

④ 자원 투입 일정계획 및 조달, 송출 실정 파악
*자원투입계획 조정보고 Float에 따른 자원 증가 추이 분석

⑤ Activity별 자원 투입계획의 적정성 여부 검토, 투입적정 물량 : 기간, M/P 조정

⑥ 예상되는 부족재, 장비, 인력의 Expediting Critical Item List 작성, 유관부서 배부 및 추적

⑦ 기술적 문제점(난공사 요인, S/Drwg, D/Design, Drawg 간의 상이) 일정별 Check List 작성 추적

⑧ 관급재 사용계획서 작성 제출

⑨ B/M 물량의 POU별 분리 및 누락, 오기 Item Check 및 P/O의 의의

⑩ Item별 분출 우선순위 통보에 의한 분출관리, 재고 관리 협조

⑪ 투정재 및 Long-Lead Item의 Check-point 설정(P/O Request, P/O, L/C, MFG, Inspection, Shipping)

⑫ Work Hour 및 노임 수준 파악

⑬ 자금 수지계획 파악

2. Activity 착공 1개월 전

요소 작업별로 세분작업 계획 수립

(1) 공사담당

① 익월의 공정예산 진도 및 Target, 공법

② 익월의 인력, 공구, 장비사용 계획 및 POU(Point of Use)

③ 현장 작업 여건의 특기사항

④ 선행작업의 공사완료 상태 및 Inspection 완료

⑤ 현장 재고 및 잉여재

(2) 기술담당

① S/Drwg 및 시방 Detail-공무관리실-공사담당

② 주요 Inspection Schedule 및 감독 투기, 준비사항

③ Shop Mfg의 진도 여부 출고 일정

④ Interrupt Service Schedule-감독 및 공무관리실

⑤ 자재 Inspection 실시 및 누락 Item 및 하자 통보

(3) 노무부

① 직종별 가용 현황

② 1개월 내 수급예정 직종별 현황(전입, 전출, 본사송출)

③ 긴급 직종의 현장간 전용 검토를 위한 현장별 보유현황

④ 특수 직종의 Certificate 소지현황

⑤ 대체 가능 직종 및 직종 변경 O/T의 성과 분석

(4) 자재부

① Item 자재 가용 현황 및 부속재 완비 여부

② 1개월 이내 도착 예정 자재 List 및 현재 Process

③ Local 예정재 및 공구의 시장 재고 여부 및 구매 일정

④ Delay Critical Item의 Local 구매 가능 및 현장 전용 가능 여부, 긴급공수 가능 여부

⑤ 대체 자재

(5) 장비부

① 장비 Model별 가용, 가동 상태

② 구매 · 전용 · 임대 계획

③ 장비 · 중기 정비 계획

(6) 공무관리실(Scheduler 및 Engr)

① 시공 진도 · Drwg Sch · 현장의 Target 진도 등을 파악한 기간 중 요소작업 확정 및 자원소요 파악

② 자원 소요시 가용 파악(직종별 · Model · 사용별)

③ S/Drwg, D/Design 유무 파악–QC 협조

④ 적정공법 및 병행작업 확정

⑤ 대체재, 임시방안 강구–QC협조–확정

⑥ 창고 재고 수준 및 부속재 완비 여부 파악

⑦ 공구간 자원배분 계획서 및 세분작업 계획 배분

⑧ 자재 불출의 공구별 우선순위 및 인력 · 장비 우선순위 통보

3. Activity요소 작업 착수 7일 전

작업지시서 하달

(1) 공사담당

① 작업지시서 수령 및 정부 여건 파악 통지

② 10일 전 자재출고 요청–공무관리실–공구–자재창고

③ 제반 작업준비(인력배치, 공구, 장비, 자재 및 선행 작업 완료)

④ 성과급 실시 여부 통지–공무관리실–공구

⑤ Safety Requirement 충족

(2) 기술담당

세분 작업에 따른 추가사항, 준비사항 통지 및 공구별 자체 Inspection

(3) 노무부

공무 관리실과 협조사항 시행(인력 대체 · 전용 · 현지인 고용)

(4) 자재부

① 공무관리실과 협조사항 수행(긴급구매, 수배)

② 불출관리를 위한 Stock 구분

(5) 장비부

① 작업지시서 협조 및 배분-공구, 기술담당

- Activity No. 및 내역
  도면번호 및 Spec. 번호
  관련 출고지시서 No.
- 해당 작업 내역 및 예정물량, 사용시간, 투입인원(Activity Sheet)
- 착수일, 완료일
- 연관공종, 후속공정, 특기사항
- Inspection 실시 여부

② 자재 출고 지시, 장비사용 신청, 공구사용 신청(협조사항)

③ 연관부서와 협조사항 추적, 검토-응급처치강구(긴급구매, 수배, 인력대체, 전용, 공구 상태 확인, 자재상태 확인, 선행 작업 및 관련 공정 완료 상태)

4. Activity작업 착수일

(1) 작업 실시

*여건변화 분석

*Forecasting

(2) 공사담당

① 일간 작업 진도 보고

② 일일 작업량 보고

(3) 기술담당

① 자재 Inspection

② 특기사항-공구, 공무관리실

(4) 노무부

인력 투입, 배분

(5) 자재부

자재 불출

(6) 장비부

① 장비배치

② 작업 기간 중 정비

(7) 공무관리실(Schedule 및 Engr)

① 진도 파악

② 특기사항 Check

5. Activity 작업 완료일

(1) 진도반영

*후속공정 Forecasting

*자원 Forecasting

(2) 공사담당

① 완료보고 : (작업지시서에 실 투입 · 특기사항 · Inspection 여부 후속작업 착수 등을 기재하여 공무관리실로 이송)

② Time/Sheet기재–공무관리실–노무

③ 실 투입 물량 자체 집계–월말 보고

④ 성과급 실시보고

(3) 기술담당

① 작업지시 여부 파악

② 오시공 파악

(4) 노무부

T/Sheet 접수 및 노임 정리

(5) 자재부

불출 물량 정리

(6) 장비부

① 장비 가동 일보 접수

② H/M 적산

(7) 공무관리실(Schedule 및 Engr)

① 진도 반영

② 지연공정 파악 및 요인 분석

③ 후속공사 예상

④ 기성 산정

⑤ 공기단축 대상공사 Check

⑥ Catch-Up Schedule 작성(Slack 검토, 공별, 병행작업, 자원투입량 검토)

⑦ 예산대비(간접비만할 것)

⑧ 원가 적산

⑨ Evaluation

6. Activity별 공정관리 흐름도

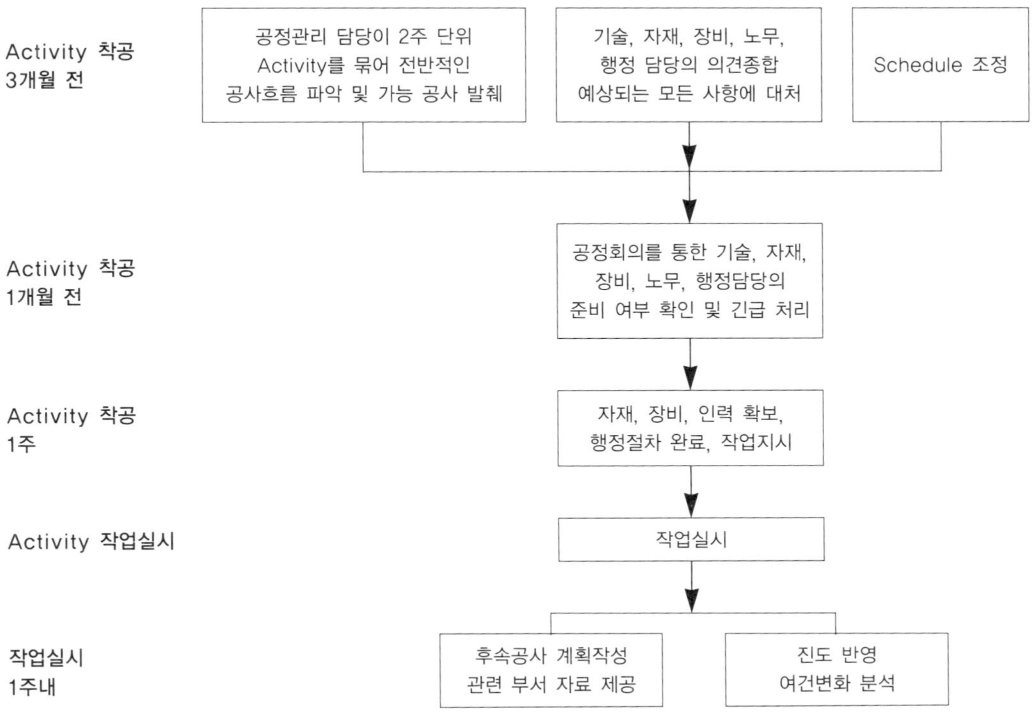

7. Activity별 공정관리 방안

(1) Activity 착공 3개월 전

① Activity Sheet를 2주 단위로 묶어 예상되는 부족자재, 장비, 인력 확보 방안 수립

② 자원 Schedule의 적정 여부 검토 및 본사 지원 요청

③ Shop Drwg.4025. 관급자재 사용계획서 제출 등 행정절차 확인

④ 공사부진 요인 분석 및 대책 수립

(2) Activity 착공 1개월 전

① 부족자재 긴급구매, 공수, 시장재고, 창고재고 파악

② 부족 인력 긴급송출 의뢰, 현지인 채용

③ 장비 전용, 임대방안 확정

④ 행정지원 사항 완료

(3) Activity 착공 7일 전

① 작업지시서 작성

② 자재 불출 신청서, 공구사용 신청서, 장비사용 신청서

③ Inspection 요할시 Inspection(검수)할 것

(4) Activity 작업 실시

① 투입자원 보고(현장-공정)

② 지연공정 분석 후속공사 예상

③ 공기단축 대상 Activity, 공법, 병행작업 모색

④ 기성산정(공종 Item별 Activity의 공정진도에 의한 기성체크)

⑤ 관련부서 통보(공정-원가, 본사 등)

제 8 장

NAS 시방서

(Network Analysis System)

8 1 NAS(Network Analysis System)

1. NAS(PERT/CPM)

NAS의 작성 요령

① 공정표는 관련부서와 함께 공기, 시공일정, 견적자료 등의 시공 자료를 토대로 작성한다.

② NAS 작성부서는 현장에 파견될 소장 및 현장 계획기사를 중심으로 한 현장팀과 협의하여 도면제작 일정, 기자재 현장 도착 반입, 계약상 시공일정 및 현장 여건들을 고려하여 시공일정을 위한 NAS를 작성한다.

③ 최초 작성된 NAS와 실행예산서는 C/O 및 해당공사 현장소장의 동의를 얻은 후 경영진으로부터 승인을 얻어야 한다.

④ 다음과 같이 NAS 작성 기능 흐름도와 같이 업무를 관장한다.

NAS 작성 기능 흐름도

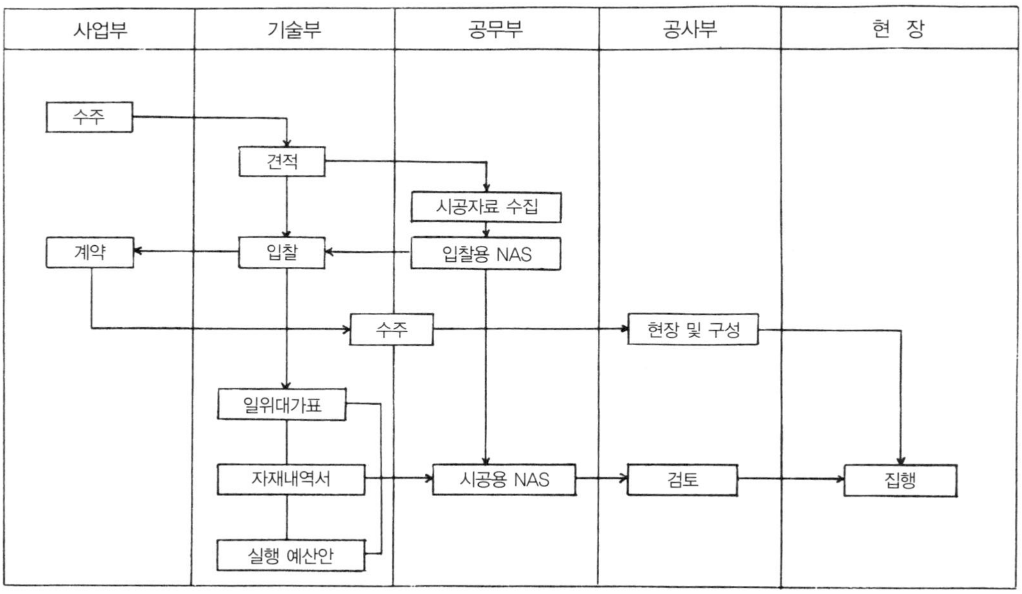

2. NAS의 작성 시 주의사항

① 특별시방서 또는 공사 성격을 충분히 고려하여 요소작업별 공사의 분해를 명확히 하여야 한다.

② 정확한 요소 작업별 자원분배에 의한 소요금액을 산출하여야 한다.

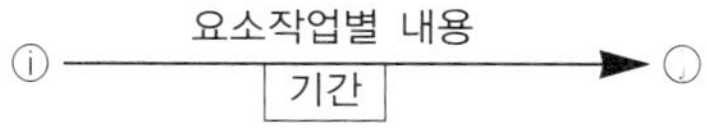

ⓘ - ⓙ의 요소작업별 금액

∴ ⓘ - ⓙ = a+b+c

a. 직접비
- 자재비
- 인력비
- 장비비

b. 간접비
- 현장경비
- 본사경비

c. 이익금

③ 정확한 자원분배를 위하여 요소작업별 금액을 산출하기 위하여 Activity Sheet(별첨 양식 #1)를 사용하며, 전산처리에 의한 사본을 C/O측과 현장에 통보하여 집행결과서가 반드시 C/O측과 본사 공정관리 담당부서에 회송되어야 하며, 다음과 같은 단가를 적용하여야 한다.

(가) 자재비 : Activity Sheet상의 품목별 자재 단가는 외자재 담당부서로부터 산출되어진 최종 현장 도착까지의 제반 경비를 포함한 금액을 말하며, 가격 변동 시 NAS 담당부서에 통보하여야 한다.(C/O측에도 통보)

(나) 인건비 : 실제 해외공사 현장에서 적용될 수 있는 현실성 있는 표준품셈과 인력담당부서로부터 지정하는 직종별, 등급별 단가를 적용하여야 한다.

(다) 장비비 : 장비담당 부서로부터 산출된 사용료를 사용하며, 새로운 장비를 도입했을 때에는 감가상각비, 운전경비 수리 및 유지비를 포함한 장비사용료를 장비담당 부서와 협의하여 시간당 금액을 산출하여야 한다.

(라) 간접공사비 : 제반 현장경비, 본사지원경비와 이익금은 단위요소 작업별 직접비 공사금액에 대한 백분율화한 비율로 안분 조정한다.

$$\text{간접비} = \text{총 간접비} \times \frac{\text{요소작업별 직접비}}{\text{총 직접비}}$$

$$\text{이익금} = \text{총 이익금} \times \frac{\text{요소작업별 직접비}}{\text{총 직접비}}$$

④ 공정상 후속작업과 선행작업 관계에 대한 기술적 검토가 있어야 한다.

⑤ 계획상의 제약조건을 Net Work상에 최대한 반영하여야 한다.

⑥ 병행작업 조건을 사전에 충분히 검토하여 활용하여야 한다.

8 2 전산처리

1. 목표

NAS에 의한 공정의 소요기간, 자원 및 자금 등을 신속 정확하게 분석함으로써 실행공정표를 작성하는데 협조하여 업무의 정형화를 이룸으로써 현 공사 및 차기 공사의 표준화를 시도하여 공사진행 관리의 과학화를 꾀한다.

2. 내용

① 업무 : 모든 NAS는 전산부서와 협의하여 Program을 사용하여 전산화처리하는 것으로 한다.

② 자원의 분배 및 관리 : NAS의 각 요소작업별 인력, 자재 및 장비의 소요량을 전산입력함으로써 작업기간을 재조정할 수 있으며, 기간별 자원의 소요량을 파악하여 C/O측 및 해당 부서에 통보한다.

③ 자금관리 : NAS의 각 소요작업별 소요자금을 전산입력함으로써 요소작업별, 기간별로 소요자금을 산출하여 C/O측 및 해당 부서에 통보한다.

④ 공정관리 : 각 부서로부터 요구되는 제반 자료 및 공정의 진도 현황을 필요시 또는 주기적으로 전산처리하여 C/O측 및 해당 부서에 제공한다.

⑤ 공사자료 축적 : 전산으로 처리된 공사에 대해서는 요소작업별 시간, 자원, 자금들의 현황을 유지보관하여 차기공사에 참고자료로 활용한다.

8 3 조직

현장에는 반드시 공정관리 요원(계획기사)과 원가관리 요원을 배치하여야 하며 Computer가 설치된 현장으로 전산요원이 필요하다고 인정될 때에는 전산 담당부서의 협조를 얻어 임명할 수 있다.

8 4 집행

NAS와 실행예산서 및 공사 시공계획서를 기준으로 공사를 집행하는 것을 원칙으로 하여 다음과 같은 사항을 집행하여야 한다.

1. 공정관리

(1) NAS에 의한 시공 계획 검토

① 요소작업별 소요공기 추정 및 재검토

② 주공정상 요소작업별 공사의 병행 가능성 검토

③ 계획공정의 공정 순서 변경

(2) 공정회의 실시

주간, 월간 및 최소 3개월 간의 계획공정을 수립하거나 지연작업에 대한 대책 또는 공기 단축을 위한 제반 사항을 위하여 현장 담당원 또는 공구장(공구단위 현장)과 자재, 인력 및 장비담당 부서장의 참석을 요구할 수 있으며, 본회의에서 결정된 사항을 C/O측에 승인을 얻어 현장소장이 집행한다.

(3) 소요현황 판단 및 자료 수집

① 별첨양식 #2에 준하여 단위 요소작업별 인력현황을 파악한다(C/O에 제출).

② 별첨양식 #3에 준하여 단위요소작업별 자재투입 현황 파악 및 자재반입 계획(별첨양식 #4)을 수립하여 (C/O에 제출) 자재의 과부족량 및 반입일정을 검토한다.

③ 별첨양식 #5에 준하여 장비의 효율성을 검토하여 장비사용계획을 검토한다(C/O에 제출)

④ 단위 요소작업별 공사가 완료될 때마다 생산성 능력평가를 실시하고, 이에 대한 평기기준을 C/O측 및 본사공정관리 담당부서에 보고하여야 한다.

⑤ 주요 작업 목록을 작성하여 현장 진행상황을 확인하여야 한다.

⑥ NAS 관리 및 보고 : 위 사항은 NAS에 Up Dating하여 15일 단위로 공정보고를 실시하며, 전기보고는 매월 말일에 해야 한다. Computer를 보유하고 있는 현장을 전산화된 Magnatic Tape 또는 Disk에 수록하여 보존토록 하고 Tabulation으로 보고하여야 한다.

2. 원가관리

현장에서 발생되는 제반 금전출납에 대한 공종별, 비목별 분류를 정확히 하여 실행예산안 대 실투입비를 대비함으로써 공사원가 산정 및 생산성 분석을 하여 현 공사 및 차기 공사에 대한 대책 또는 공사실시 계획을 수립할 수 있으므로 다음과 같은 업무를 수행하여야 한다.

① 현장에서 발생되는 금액에 대한 계정과목의 분류 및 확인

② 직종별 기능공 임금 분석

③ 각 건물별, 공구별, 현장별 생산성 분석

④ 월별/분기별 손익계산서 작성 및 원가분석

⑤ 실행예산안 대 투입금액 비교 · 검토

⑥ 공사실적에 의한 자금운영계획 수립

⑦ 공사금액 변동에 따른 자금운영계획 재조정

⑧ 하도급자의 기성금액 산출 및 정산

3. 공정관리 규정안 실시를 위한 대책

(1) Task Team 구성

① 작업내용 : 현재 사용중인 일위대가표 수집 및 자원 Code화 작업

- 공정관리를 위한 기초교육 교재 작성
- 공정관리 교육 실시(본사 및 현장)
- 전산화 Program 작성

② 구성인원 : 본 교육 이수자 중 8명 선발 예정

Task Team장	1명
건축	2명
토목	1명
기계	1명
전기	1명
조경	1명
전산요원	1명
계	8명

③ Task Team 작업 단계

단계	소요시간	내　용
1차	즉시	신규공사 계획서 작성시 Activity Sheet 적용 및 현장 집행
2차	1개월	교육실시(본사 및 현장)
3차	3개월	일위대가표 작성정리자원 Code화 작업 전산화 Program 작성

(2) 실무에 적용 단계

① 1차 대상 : A. 신규공사
NAS공사
B. 승인되지 않은 문제점이 있는 현장

② 2차 대상 : A. 진행 중 공사에서 잔여공사 분석
B. 현재 작업 중인 공사의 Up Dating에 의한 분석

8 5 조정 및 통제

본사 국내공사 관리담당 부서에서는 현장으로부터 보고되는 제반 자료를 취합하여 현장의 제반 문제점을 조정 및 통제할 수 있으며, 제반 관련부서에 자료를 제공한다(C/O측에서 요구 시 제출).

1. 공정관리

① 공정분석 : NAS를 기준으로 한 주간 및 월간 공정파악을 분석하여 지연공사 및 공기단축에 대한 대책을 수립한다.

② 현장 간의 업무 협조 조성 : 자재인력 및 장비에 대한 활용성을 분석하여 긴급 소요 현장간의 우선순위를 정하여 현장소장에게 통보한다.

③ 계획공정 대 실시공정 대비분석 : 계획공정에 의거, 집행과정을 Activity Sheet에 의거 분석하여 단위공사 기준을 설정한다.

④ 병행작업 조건 분석 : 여러 개의 요소 작업을 병행하여 작업이 이루어질 경우 각 요소작업별로 작업기간을 단축하여 전체 공기에 영향력을 가질 경우, 추가 소요금액을 산출하여 공사원가를 절감할 수 있다고 판단할 때에는 공기단축에 대한 대책을 수립한다.

⑤ 공사 계약금액 변동사항 검토 : 도면과 시방서에 준하여 추가공사(COP)에 대한 여건검토 및 단가 산출을 위한 자료 수집을 실시하여 자료를 C/O측 및 현장에 통보한다.

⑥ 기술자료 수집 및 교육실시 : 공정관리를 위한 제반 자료 수집을 실시하여, 실질적이고 현실적인 공사운영을 위해 현장요원 및 해당 부서원에게 공정관리와 그 실제에 대한 교육을 실시한다.

2. 원가관리

① 공사원가 계산 : 직접비 및 간접비를 명확히 구분하여 실질적인 공사원가를 분석하여 원가절감을 위한 대책을 수립한다.

② 손익계산 : 월별, 분기별 또는 필요하다고 인정될 때에는 즉시 손익계산을 실시하고, 문제점이 발생했을 때에는 대책을 수립 실시한다.

③ 자금계획 수립의 협조 : 공사 수입금액의 변동이 있을 때에는 신속히 이에 대한 대책안을 해당 부서에 통보하여야 한다.

④ 하도급자의 집행 내역 검토 및 정산 : 각 현장별로 실시되는 하도급자에 대한 손익을 검토하여 타당성 여부를 분석하며, 하도급자의 공사가 완료되면 즉시 정산하여 해당부서에 통보한다.

⑤ 정산 및 자료수집 : 완공된 공사에 있어서 최종 정산처리를 실시하여 실행 예산안과의 대비 분석을 실시함으로써 현 공사 및 차기 공사 계획서에 충분한 자료가 될 수 있도록 제반 자료를 수집 · 분석하여야 한다.

8 6 시공자 NAS(Network Analysis System)

① 시공자가 작성해야 할 Progress Chart는 Network Analysis System을 포함시켜야 하며, 본 System 작성시 Construction Scheduling은 시공자의 책임이다. 본 System의 목적은 적절한 공사계획 및 수행을 확실히 하고, C/O 요구로 하여금 제시할 Schedule의 타당성 평가, 공사 진도 평가 및 공기 연장 결정을 함에 있어 도움을 주고자하는 데 있다.

② 이후 열거할 Schedule 이외에도 시공자는 NTP 접수 10일 이내에 최초 120일 간을 망라하여 Activity와 작업 순위를 표시한 Schedule을 제출해야 한다. 본 Schedule은 NAS Diagram 또는 Bar Chart로 하되 100개 이내의 Activity를 기재한다. 각 Activity는 차후 필요한 상세한 Network의 Activity와 연관되어야 하며, 명칭 NAS인 경우 I-J번호, 기간 및 예상 비용을 기록해 넣어야 한다.

③ 매월별 총 소요인원이 명시된 Man power Chart를 작성 · 제출해야 한다. 2개의 Curve를 작성하되 하나는 전기 Schedule, 또 하나는 후기 Schedule에 기초를 두어야 한다. Network Chart는 적어도 월간으로 수정(Up-date)해야 한다.

④ 시공자는 도착지 항에 선적될 자재, 장비 및 보급품의 중량(Tonnage)에 대한 도표화된 계획을 제출해야 한다. 본 계획은 계약일로부터 작성하여 매월 증가물량을 표시해야 한다. 도표에는 매월 도착지 항에 도착될 Mesurement Ton 수 및 대략적인 금액을 기재한다. 적어도 매월 Update해야 한다.

⑤ 시공자는 공정을 맞추기 위해 C/O측에서 제공되는 자재분에 대해서도 물량별로 Tabulated Projection(일람계획표)을 작성 · 제출해야 한다. 본 표에는 각종 자재에 대해 Type, Size별로 구분하고, 수량은 사용단위로 기재한다. 본 계획은 계약일로부터 시작하여 매월별로 작성한다. 매월 말 Update가 필요하다.

8 7 System은 Diagram과 전산화된 수치분석으로 구성된다.

특수 Code와 연관될 개별적인 Sub-Network로 식별되어야 한다.

(1) Diagram에는 각 Activity의 순위 및 상호 연관성과 공사진행 순서 표시

① 본 System은 각 Construction Activity에 아래 사항이 도시되어야 한다.

(가) 자재 제공 및 승인(Material Procurement Schedule)

(나) Sample 및 Shop Drawing Schedule

(다) 사전 및 최초 Q/C 검사 일정표시

(라) 자재 제작, 장비조립 및 설치 검사일정 표시

공사 진행에 영향을 미치는 모든 활동사항(Activity)과 각 공사 분야의 완공일자를 나타내야 한다. 30일이 넘는 기간의 Activity수는 월간 진도 평가를 용이케 하기 위하여 최소한으로 한다. Diagram은 우로부터 좌로 화살표가 표시됨이 없이 좌로부터 우로 연속적인 흐름이 표시되도록 도안해야 한다.

Diagram에는 각 Activity마다 다음 사항을 기록한다.

- 앞뒤의 Event 번호
- 명칭=공종 Item
- 예상금액
- 기간(일수)

Event의 번호 기입은 앞 번호가 수적으로 뒤 번호보다 작게 한다. Original Network 상에는 변경 명령 및 Logic 변경 시의 Activity를 추가할 수 있도록 Skip Numbering을 반드시 사용토록 한다.

② 모든 제출물에는 C/O나 그의 대행자가 쉽게 Model을 숙지할 수 있도록 Model에 대한 설명서를 첨부하여야 한다.

최초의 제출물에는 다음 사항이 반드시 포함되어야 한다.

(가) Event의 전반적인 순서를 표시하는 Summary Schedule

(나) 적용할 전산화 수치 분석 System에 관한 설명서

(다) 시공자가 사용할 표준 약자 목록

(라) Code 분류를 위한 색인표(Index)

(마) Work Center나 주요 Sub-System의 세분화된 목록

(2) Network Diagram의 수치적 분석에는 각 Sort상의 각 Activity마다 다음 각항의 도표 포함

① 앞뒤 Event 번호

② Activity 명칭

③ Activity 예정 기간

④ 설계시일 때 사용할 최초 개시일(EST)

⑤ 실 완료일에 사용할 최초 완료일(EFT)

⑥ 최만개시일(LST)

⑦ 최만완료일(LFT)

⑧ 총 Slack 또는 Float

⑨ Activity의 가격(Cost)

⑩ 완료된 Activity의 백분율(%)

⑪ 완료된 Activity 부분에 의한 시공자의 기성 혹은 수익

(3) Program은 기간 조정 승인에 따른 완료일의 변경을 가능토록 작성해야 하며, 모든 지연 날짜와 그 이동의 재계산이 가능토록 작성

① 전체 완공일은 계약 변경으로 인해 공식적으로 연기되지 않는 한 그대로 있어야 한다.

(4) 수치적 분석에는 다음과 같이 Shot나 Group별로 Activity를 망라할 것

① 앞 Event No.를 최저 번호부터 최고 번호 기재 후 다음 Event No. 순위로 (i–j)

② 다음 Event No.를 최저 번호부터 최고 번호 기재 후 앞 Event No.순위로(j–i)

③ 최저부터 최고까지 Slack Amount별(앞 Event No. 순위로, 그리고 다음 Event No. 순위로)

④ 최초 개시 가능일자 순위별(앞 Event No. 순위로, 그리고 다음 Event No. 순위로)

⑤ 최만 완료 가능 일자 순위(앞 Event No. 순위로, 그리고 다음 Event No. 순위로)

⑥ 기성 지불 항목 Summary 인쇄물, 여기에는 가격이 있는 Activity만 포함. 각 지불 항목은 지불항목 단가를 반영토록 소계를 내야 함.

⑦ 상이한 자재별, 그리고 E.S별로 분류된 자재

⑧ 상이한 자재별, 그리고 L.S별로 분류된 자재

⑨ 전 자재 품목 Footprint Data를 위해 조기 개시 일자별로 된 필요일자(앞 Event No. 별로, 그리고 다음 Event No.별로)

⑩ 전 Float별(최저에서 최고로), 그리고 i-j 순으로 된 전 Long Lead 품목의 분류 목록
⑪ 모든 구매 단계마다 구매 추적 분류작업을 실시해야 함. 목록은 Event No.순위로
⑫ 본 보고서 작성에 투입되는 모든 Input Data List
⑬ System상의 전 확정일자 목록(계약, 완공 및 Milestone)
⑭ 각 Subsystem 또는 주요 Structure에 대한 Scheduling 반영을 위한 Work Center(그리고 i-j) 순위 분류
어느 특정의 Work Center에 여러 개의 설비 또는 전기 System이 포함되었을 경우에는 각각 별도로 분류

8 8 Notice to Procedure 이후 실행 및 제출사항

시공자는 NTP 수령 후 90일 이내에 수치적 분석, Network Diagram 및 매월 말 현재의 예상 수익표로 구성된 NAS를 제출해야 한다.

- 예상 수익표는 Early Finish와 Lats Finish Schedule에 근거하여야 한다. 이 예상 수익의 각항을 나타내는 Plotted Curve를 작성하고 매월 수정해야 한다.

8 9 CPM 네트워크 작성 후 승인사항

시공자는 제출한 Network Diagram 및 분석자료를 C/O와 같이 검토 · 평가하는데 참가한다. 회의 후 20일 이내 수정사항을 포함하여 Network Diagram과 분석자료를 C/O에 제출하여 승인을 얻어야 한다. 승인된 Network Analysis는 시공자가 공사계획, 편성 및 수행, 진도보고, 그리고 완성 공사분에 대한 기성고를 신청할 때 사용해야 한다. 만일 시공자 작업이 승인된 Network와 상이한 경우에 시공자는 작업변경으로 인해 수정을 요하게 된 Logic에 맞도록 Schedule을 변경해야 하며 이것은C/O의 동의를 얻어야 한다.

- C/O의 최종 승인과 동시에 NAS는 'Baseline Schedule' 이라 칭한다. 이는 시공자의 기성고 지불을 위한 전도를 표시하기 위하여 Update한다.

8 10 공사진도율에 따른 기성고 및 보고서 사항

시공자는 실 건설 진도를 기성고 지불 간격(Activity 공사 진도)으로 제출한다. 이 보고서에는 Update된 수치적 분석과 설명서가 포함되어야 한다.

- 수치적 분석은 현장에서 이루어져서 C/O와 시공자 간부 간에 합의될 것이다. Logic 순서와 상이한 Activity에 대한 기성고는 그 Activity가 실 Construction Logic을 나타내도록 수정 후 승인을 얻을 때까지는 지불을 보류한다. 계획은 보고 기간에 완료될 Activity로부터의 수익을 보장하기 위하여 그 Activity의 실 완료 Percentage를 흡수할 수 있도록 수립해야 한다. 일반 조건에 의거하여 지불할 기성고 지불은 완료된 Activity 가격의 합계금액과 분항에 의거 Activity된 부분적 완료 Activity 가격을 기준으로 하여 지불한다.

(1) 승인된 Updata 부분에 대한 수치적 분석은 다음의 Sort와 Group별로 실시 제공한다.

① 최저로부터 최고로 앞 Event 번호별로, 그리고 후속 Event 번호 순위로(i–j)

② 최저로부터 최고로 Slack Amount별로(그리고 앞 Event 번호 순위로, 그 다음 후속 Event 번호 순위로), 만약 Program이 가능하다면 Output는 90일 간의 총 Float 또는 그 이하의 Activity로 제한할 수 있을 것이다.

③ 지불 항목 Summary 인쇄물. 이것은 가격이 부여된 Activity만을 기입해야 하며, 각 지불 항목은 그 단가를 반영토록 소계를 내야 한다.

④ 조기 개시일별로 전자재(그리고 앞 Event 번호 다음 후속 Event 번호별). 본 Output는 시공자의 System이 허용된다면 전월과 후속 6개월 간으로 한정시킬 수 있다.

⑤ 만기 개시일별로 전자재(그리고 앞 Event 번호 다음 후속 Event 번호별). 역시 시공자의 System이 허용된다면 전월과 다음 6개월 간으로 한정시킬 수 있다.

⑥ 전 자재품목의 Footprint Data를 위해 조기 개시일자별로 된 필요 일자(앞 Event No별로, 그리고 다음 Event No별로). 이는 모든 지급물자 부속물 등과 기타 업체(예 : 기증자 EH는 여타 시공자)가 제공하는 Template를 포함한 유사 품목은 포함시켜야 함. 만일 시공자 System이 허용한다면 이 Output는 전월과 후속 6개월 간으로 한정시킬 수 있다.

⑦ 총 Float 순(최저에서 최고로), 다음 앞 Event No순, 그리고 후속 Event No.순으로 된 Long leda 품목 및 기타 구매품목에 관한 Sort별 목록, 이 Output는 시공자의

System이 허용된다면 전월과 다음 6개월 간으로 한정시켜도 된다.

⑧ 본 보고서 작성을 위한 모든 Input Data의 목록

⑨ System상의 모든 확정일자(계약일, 완공일 및 Milestone 포함)

⑩ 자재 청구를 위한 모든 통지사항을 반영하기 위한 선순위 Activity의 분류, 이 Output는 시공자의 System이 허용된다면 전월과 후속 6개월 간으로 한정시킬 수 있다.

⑪ 모든 대 정부 제출물을 반영토록 선순위 Activity의 분류. 역시 시공자의 System이 허용된다면 전월과 후속 6개월 간으로 한정시킬 수 있다.

(2) 설명서에는 공사를 지연시키게 하는 모든 Activity항의 목록이 있어야 하며, 또한 공사지연 필요시나 공사지연시 제안하려는 시정책에 대한 설명이 포함되어야 한다. 시공자는 어느 제출일자로부터 다음 제출일자까지에 기재되는 진척사항을 나타내는 개요서를 작성하여야 한다.

8 11 Update Schedule에는 변경일자를 삽입토록 한다.

Update된 모든 Copy에는 최근에 변경일자가 기재되어야 한다.

8 12 제출서류는 3부 작성하여 제출

최초의 제출과 변경은 1부의 복제 가능 서류와 2부의 인쇄물 서류 등 합계 3부를 제출한다.

8 13 기성고 지불간격 보고서

지불간격(적어도 매월) 보고서는 4부(요구 부수는 검토 부서나 기관의 수에 의해 요구)를 제출한다.

8 14 공사변경 사항과 Schedule 수정 사항

C/O가 변경 요구에 의해 공사 변경을 할 경우에 시공자는 이 공사변경이 이미 승인된 Schedule과 공사완공일에 미치는 영향을 나타내도록 Subnetwork나 수정된 Network Schedule을 재작성하여 제출한다.

① 제안 요구서가 발생될 경우, 시공자는 이미 승인된 Schedule과 공사 완공일자에 미치는 영향을 나타내도록 한 Subnet를 제안서와 함께 제출한다.

② 추가공사에 대한 NTP가 발생될 경우에 시공자는 10일 이내에 공사의 변경된 양상과 그 변경이 잔여공사에 어떤 영향을 미치는지를 나타내는 수정 Network를 제출해야 한다. 만일 시공자가 이 Network의 제출을 못하거나 거부할 경우에 C/O는 시공자가 주기적인 차기 Updating시에 포함시켜야 하며, 변경 요구의 확정 시까지 또는 그 'Logic 및 기간' 이 대치 시까지 사용해야 할 'Logic 및 기간수정서' 를 사전 제공해야 한다. 만일 C/O가 제공한 'Logic 및 기간수정' 에 대해 시공자의 이의가 있을 경우에 시공자는 C/O의 수정요구서 접수 10일 이내에 대안을 제출하여야 한다. 10일 내에 제출하지 못한 경우 C/O의 수정서에 대해 동의하는 것으로 한다. 이 'Logic 및 기간수정서' 에 의거하여 수정되는 Schedule은 계속적인 공사 진도 평가를 위한 Working Schedule이 되어야 하며, 공기 연장을 위해 시공자가 공사에 미치는 영향을 평가하는데 사용된다. (기간 변경은 변경 요구의 최종 확정에 대한 잠정적인 보류로 간주된다.) C/O의 승인 없이는 기승인 NAS의 변경을 할 수 없다.

8 15 Float와 Slack의 스케줄 반영 관련 사항

Float 또는 Slack이란 NAS Schedule상에 있어서 Early Start Time와 Late Finish Time 간의 여유기간 또는 Early Finish Time와 Late Finish Time 간의 여유 기간을 의미한다. Float나 Slack은 C/O측 또는 시공자 어느 측도 독점 사용하거나 이익이 될 수 있는 기간이 아니다. 일반 조건상 요구되는 공기 연장은, 영향을 받은 Activity에 대한 정당한 기간 조정이, 변경을 위해 NTP가 발급된 시점에서 관련된 계통에 따라 총 Float나 Slack를 초과하는 한도까지만 연장된다.

8 16 Network에서 Activity의 공사비 책정 사항과 변경 사항

Network의 승인은 반드시 Activity상에 나타난 금액에 대한 승인이 되지는 않는다. 만일 하더라도 C/O가 어느 Activity의 금액이 부적절히 배정되었거나 불합리하게 된 것을 발견할 경우에는 시공자는 기성액 지불 전에 재배정을 해야 한다.

(별첨 양식 # 1)

ACTIVITY DEFINITION SHEET

Page : ______ of ______

- 공 구 : 제 공구
- 공구명 :
- 업체명 :

- 담당감독 :
- 현장소장 :
- 작 성 자 :

198 년 월 일

Activity Code		ACTIVITY DESCRIPTION	ACT. 당 소요공기	공기 산출 근거 내역										비 고
				소요물량			일평균소요인원(장비)		일평균(시간당)작업량/인(장비)		(4) 각소요작업당공기	(5) TIME	(4)+(5)	
PE	SE			내 용	단 위	(1) 수 량	내 용	(2) MAN(EQP'T)/DAY	내 용	(3) 작업량	산출식 (1)/[(2)×(3)]	LAG		

Note

1. 각 소요작업당 산출된 공기 중 소수점 이하의 값이 나올 경우 무조건 올림한 값을 취한다.
2. 장비의 경우, 시간당 작업량을 계산하며, (1)/[(2)×(3)]의 결과값에 하루 장비 사용기간을 곱하여 공기 산출
3. Activity당 소요공기는 (4)–(5)한 값 중 가장 큰 것을 취한다.
4. 소요인원 및 장비명은 (별첨–1) 및 (별첨–2)를 참조하여 기입한다.

참고사항

A. NAS 작성부서에서 일위대가표를 기준하여 소요수량을 Schedule란에 기입하여, NAS와 함께 현장 계획 기사에게 통보함.
B. 현장 계획기사는 Actual란에 실 투입량을 산출함으로써 소요별 작업을 위한 일위대가표를 분석하고, 그 결과로 NAS 작성부서에 송부함.

(별첨 양식 # 2)

WORK TIME 보 고 서

담 당	과 장	공구장

• 현 장 : Ⓐ Ⓑ Ⓒ

• 공 구 : □□ – □□□ – □□□□ – □□□□

Ⓓ 송출번호	Ⓔ 성 명	Ⓕ 직 종	Ⓖ 근무시간		Ⓗ WORK TIME						REMARK
			FROM	TO	TOTAL	R/T	O/T	N/T	H/T	P/T	

참고사항

A. 공구별 Code : 현장 담당기사가 기재함

B. 건물단위별 Code : 현장 담당기사가 기재함

C. Activity No. : 현장담당기사가 기재함

D. E.F는 가능한 Computer 활용

G. 작업개시 시간부터 작업종료 시간을 기재함

H. 작업시간은 다음과 같이 산출된 시간을 기재함

R/T : 기본시간

O/T : 기본시간 이후 실시된 (작업시간×1.5배된 시간)

N/T : 22시부터 익일 06시 이전에(작업시간×2.0배된 시간)

H/T : 유급 휴가일의 기본시간

P/T : 품떼기 등 기타 설정된 기준시간

(별첨 양식 # 3)

담 당	과 장	공구장

요소별 작업 자재 투입 현황

• 현 장 :

• 공 구 : 건물 □□□□ – □□□□

CODE NO	품 명	단위	투 입 일 자															합 계	비고

참고사항

A. Performance Of Activity(별첨양식-1)에 준하여, 모든 품목을 투입되는 시기에 작성하여 실투입량을 검토 · 분석함

B. 품명란에 기재될 모든 자재는 Code화된 No를 사용하며, 요소별 작업으로 분류되며, Compurter로 Typing하여 현장 기사에게 통보함

(별첨양식 # 4)

PROCUREMENT SCHEDULE

* Description Legend	
가. Vendor Selection	마 : Manufacturing & F. A. S
나 : P/O Approval	바 : Shipping & Delivery To Pusan
다 : Gvn't Submit. & Approv.	사 : Customs Clearance
라 : P/O & L/C	아 : Inland Transport & Inspection

PA : MT'L DESCRIPTION
PE : 〃
PM : 〃

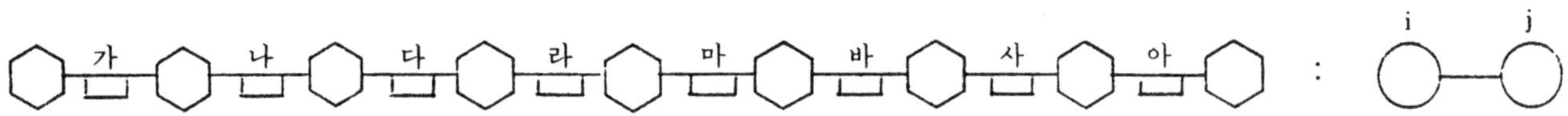

PA : Procurement Architecture
PE : Procurement Electrical
PM : Procurement Mechanical
⋮

(별첨양식 # 5)

담 당	과 장	공구장

장 비 운 행 일 보

• 현　장 :

• 작업일자 :

관 리 번 호	등 록 번 호	장 비 명	규 격	현장장비운전자	장 비 관 리 자

공 구	단위공사	ACTIVITY NO	작 업 내 용	작업량	가동시간		대 기 시 간				구 간	
					START	END	작 업	우 천	정 비	기 타	FROM	TO

점검 사항

범 례	점검사항	상 태	조 치
요조임 : ⊤ 요주유 : L			
요조정 : ∧ 요도색 : P			
요수리 : × 요청소 : C			
요교환 : △ 망 실 : □			

주유 사항

유 류 CODE	주 유 량	단 가

비 고

ACTIVITY DEFINITION DATA

PROJECT :

DATE

PAGE OF

CARD	MODF	ACTI-NO	I NODE	J NODE	CODE	ACTIVITY DESCRIPTION	DUR	COST	RES. NO.	
1	2	3 4 5 6 7 8	9 10 11 12 13 14	15 16 17 18 19 20	21 22 23 24 25 26	27 28 29 30 31 32 33 34 35 36 37 38 39 40 41 42 43 44 45 46 47 48 49 50 51 52 53 54 55 56 57 58 59 60 61 62	63 64 65 66	67 68 69 70 71 72 73 74	75 76 77 78	79 80 81 82 83 84 85 86 87 88 89 90 91 92 93 94 95 96 97 98 99 100
E										
1	2	3 4 5 6 7 8	9 10 11 12 13 14	15 16 17 18 19 20	21 22 23 24 25 26	27 28 29 30 31 32 33 34 35 36 37 38 39 40 41 42 43 44 45 46 47 48 49 50 51 52 53 54 55 56 57 58 59 60 61 62	63 64 65 66	67 68 69 70 71 72 73 74	75 76 77 78	79 80 81 82 83 84 85 86 87 88 89 90 91 92 93 94 95 96 97 98 99 100

CPM 관련 시방서

MASTER SPECIFICATION

CPM PLANNING, SCHEDULING, EXPEDITING AND PROGRESS MONITORING SYSTEMS

(EXCERPTS)

Within ______ weeks after the award of the contract, the Contractor shall submit to the ________________________ for approval a CPM CONSTRUCTION PLAN indicating his proposed plan and schedule to complete the work within the contract completion time.

Within ______ weeks after the award of the contract, the Contractor shall submit to the ________________________ for approval EXPEDITING SHEETS indicating his proposed schedule for procurement of materials and equipment required for the work.

The Contractor shall prepare the CPM CONSTRUCTION PLAN and EXPEDITING SHEETS in accordance with the sample CPM CONSTRUCTION PLAN and EXPEDITING SHEET and the following notes on the preparation of the CPM CONSTRUCTION PLAN and EXPEDITING SHEETS.

* * * *

The working day to calendar date correlation shall be based upon the Contractor's proposed work week with adequate allowance for legal holidays, days lost due to weather, and any special requirements of the project.

The CPM CONSTRUCTION PLAN shall be sufficiently detailed to accurately depict all the work required by the contract.

* * * *

The Contractor shall, when requested by the ________________________ incorporate into the CPM CONSTRUCTION PLAN activities to be performed in conjunction with the work of his contract by the owner's own forces or by other contractors.

All items of material and/or equipment required for the work which require approval by the ________________________ and/or are not readily available from stock shall be included on the EXPEDITING SHEETS.

* * * *

The CPM CONSTRUCTION PLAN and the EXPEDITING SHEETS shall be prepared and maintained by the Contractor's ________________________ directly responsible for planning, scheduling, expediting and maintaining progress of the contract work.

* * * *

The ____________________ and the Contractor will jointly review the progress of the work ____________. Should this review, in the opinion of the ______________, indicate that the work is behind the schedule established by the then currently approved CPM CONSTRUCTION PLAN, the Contractor shall either provide a suitable explanation to the ________________ of the steps he intends to take in order to conform to the approved CPM CONSTRUCTION PLAN or he shall submit to the ________________ for approval, within one week of the ______________ review, a revised CPM CONSTRUCTION PLAN for completion of the work remaining within the contract completion time.

* * * *

The Contractor shall retain ____ ______________________ to provide CPM instruction for his ________________________________ directly responsible for planning, scheduling, expediting and maintaining progress of the contract work, to supervise the Contractor's preparation of the CPM CONSTRUCTION PLAN and EXPEDITING SHEETS and to guide the Contractor in utilization of the CPM planning, scheduling, expediting and progress monitoring system prescribed herein. The Contractor shall carry an allowance of ________________ in his bid for the services of ____.

The ________________________ will periodically obtain computer generated graphic and tabular analyses of the Contractor's CPM CONSTRUCTION PLAN and EXPEDITING SHEETS. Copies of these analyses will be furnished to the Contractor.

PRECEDENCE CHART

DESCRIPTION	ACT. NO.	ACTIVITIES PRECEDING	DUR.	E.S.	L.S.	E.F.	L.F.	T.F.
DELV REINF	2	0	3		3		6	
DELV H.M. "C" FR SASH & LINTELS	6	0	8		4		12	
DELV JOISTS & DECK	8	0	21		8		29	
DELV PRESTRESSED SLABS	10	0	20		8		28	
CLEAR & GRUB	12	0	2		0		2	
EXC FTGS & UTILITIES	14	12	2		2		4	
UNDERGROUND PIPING	15	14	4		7		11	
FORM FOOTINGS	16	14	2		4		6	
REINF & CONC FOOTINGS	18	2-16	1		6		7	
FOUNDATION BLOCK	20	18	3		7		10	
PERIMETER INSULATION	22	20	1		10		11	
GRAVEL FILL	24	22	1		21		22	
BACKFILL	26	15-22	1		11		12	
COMPLETE GRAVEL FILL	28	24-26	1		22		23	
ROUGH PLUMBING FIXTURES	29	28	5		23		28	
MASONRY BEARING WALLS	30	6-26	16		12		28	
FINE GRADE FORMS & W. W. F.	32	30	2		30		32	
ERECT PRESTRESSED SLABS	36	10-29-30	1		28		29	
ERECT JOISTS & DECK	38	8-36	3		29		32	
ROOFING S.M. & SKYLITES	40	38	4		38		42	
CONCRETE FLOOR SLAB	42	32-38	3		32		35	
BLOCK PARTITIONS	43	42	1		36		37	
ROOF HEATING UNITS	44	40	5		42		47	
OVERHEAD DOORS	46	42	5		42		47	
WIRE PARTITIONS	48	42	1		38		39	
STEEL STAIR	50	42	1		38		39	
ROUGH & FINISH CARP	52	42	4		35		39	
TOILET FIXTURES	54	43	2		37		39	
TOILET PARTITION	56	54	1		46		47	
RESILIENT FLOOR	58	54	2		45		47	
POWER & LIGHTING	60	38	15		32		47	
PAINT	62	48-50-52-54	8		39		47	
PUNCH LIST	64	44-46-56-58-60-62	2		47		49	

CPM 관련 시방서

CPM 立案, 日程計劃, 工事 촉진 및 工程 綜合管理 体制

(발췌)

契約 落札 后 ~週 內에 都給者는 契約竣工 期限 內에 工事를 竣工하기 爲한 都給者의 立案 및 日程計劃이 表示된 CPM 工事日程計劃表를 ~에게 提出하여 承認을 받아야 한다.

契約 落札 后 ~週 內에 都給者는 工事에 所要되는 資材 및 裝備 調達을 하기 爲한 計劃을 表示한 工事 工程間 원활한 수행을 爲한 工事 촉진서(EXPEDITING SHEET)를 ~에게 提出하여 承認을 받아야 한다.

都給者는 CPM 工事 計劃表 및 工事 촉진서(EXPEDITING SHEET) 見本에 의거하여 CPM 工事計劃表와 工事 촉진서(EXPEDITING SHEET)를 作成하며, CPM 工事計劃表 및 工事 촉진서(EXPEDITING SHEET) 作成 시, 다음 事項에 注意하여 作成해야 한다.

★★★★

作業日과 달력 日 상관관계는 法定休日數, 날씨로 因해 허비하게 되는 日數 및 그 工事의 特別事項(要求事項)에 對한 적절한 여유를 감안한 都給者의 作業 週를 基本으로 한다.

CPM 工事計劃表는 契約에 의해 要求되는 諸作業이 正確하게 서술되도록 充分히 細部的이어야 한다.

★★★★

~의 要求가 있을 時, 都給者는 그 契約 工事와 관련 發注者 所有의 人員 또는 其他 都給者가 수행해야 할 工事를 CPM 工事計劃表에 具體化시켜야 한다.

~의 承認을 要하거나 또는 入荷되지 않은 工事用 所要資材 및/ 또는 裝備 모든 品目은 工事 촉진서(EXPEDITING SHEET)상에 包含되어 있어야 한다.

★★★★

CPM 工事計劃書와 工事촉진서(EXPEDITING SHEET)는 契約工事의 工程을 立案, 日程計劃, 工事촉진 및 유지하는데 直接的으로 책임을 맡고 있는 都給者의 ~가 作成 및 유지해야 한다.

★★★★

~와 都給者는 工事作業 工程을 共同으로 檢討해야 한다.

~의 意見上 本 檢討 結果가 가장 最近에 旣 承認을 得한 CPM 工事計劃表에 樹立된 計劃보다 遲延된 경우, 都給者는 旣 承認된 CPM 工事計劃表에 부합되도록 하기 위하여 都給者가 取할 措置事項에 對하여 ~에게 적절한 說明書를 제공하거나 또는 契約 完工期限 內에 殘餘工事 完工을 위한 修正 CPM 工事計劃表를 ~ 檢討 后 1周日 內에 ~에게 提出하여 承認을 得하여야 한다.

★★★★

都給者는 本 內容에 서술한 CPM 立案, 日程計劃, 工事 촉진 및 工程 綜合管理 體制의 利用에 있어 都給者의 길잡이가 되고, 都給者의 CPM 工事計劃表 및 工事촉진서(EXPEDITING SHEET) 準備를 監督하는 契約工事의 工程 立案, 日程計劃, 工事 촉진 및 유지에 直接的으로 책임을 맡고 있는 都給者의 ~用으로 CPM 指針을 제공하기 爲한 ~을 保有하고 있어야 한다.

~는 都給者의 CPM 工事 計劃表 및 工事 촉진서의 컴퓨터 處理圖表 및 日程計算 分析表를 定期的으로 得해야 한다.

本 分析表 사본은 都給者에게 제공되어야 한다.

제 9 장

자료 입력 및 출력 양식

9 1 자료 입력 양식

1. 자료 입력 양식

사용자가 Network을 작성하고 자료를 정리할 때, 편의를 위해 다음과 같이 준비된 입력 양식을 사용하는 것이 좋다.

NETWORK DATA 입력 양식 NET

공사코드	공사명	공사기간		공사비	공사현장	발주처	시공자	설계자
		시공일	준공일	(계약금액)	주소			
X(4)	X(40)	9(6)	9(6)	9(12)	X(40)	X(40)	X(40)	X(40)

SUBNET DATA 입력 양식

Subnet 코드	Subnet Description	ACT. 분류 코드	공사일		견적액	Sub-Contractor	Interface * 8						
							Int. Code		Predecessor				
			Start	End			I	J	Sub-code	I	J	Lag	R
X(4)	X(36)	X(2)	9(6)	9(6)	9(12)	X(30)	X(5)	X(5)	X(4)	X(5)	X(5)	9(3)	9(1)

AOA(Activity On Arrow) DATA 입력 양식

Subnet Code[X(4)] :

Activity Code		기간	ACT.	가중치	Scheduled			견적액	실행예산	Resource * 8				Extra	ORG.	MIL.	
I	j		Desc.		Type		Date			Code	Delay	DUR.	Q'TY	Cost	Code * 4	L	T
X (5)	X (5)	9 (3)	X 36	9(5)V99	9	X	9 (6)	9 (10)	9 (10)	X (4)	9 (3)	9 (3)	9 (3) V 9	9 (10)	X (4)	9	X

AON(Activity On Node) DATA 입력 양식

Subnet Code[X(4)] :

ACT.	기간	Act.	가중치	Scheduled			견적액	실행예산	Resource * 8				Extra	선행활동 * 9			Org.	Mil.	
Code		Desc.		Type		Date			Code	Delay	Dur.	Q'ty	Cost	I	Lag	R	Code * 4	L	T
X (5)	9 (3)	X (36)	9 (5) V 99	9	X	9 (6)	9 (10)	9 (10)	X (4)	9 (3)	9 (3)	9 (3) V 9	9 (10)	9 (5)	9 (3)	9	X (4)	9	X

PROGRESS DATA 입력 양식

Subnet Code	Act. Code		Actual Date		Actual Cost	Estimated to Comp	Work Done Percentage	Remaining Duration	Data Date
	I	J	S	E					
X(4)	X(5)	X(5)	9(6)	9(6)	9(10)	9(10)	9(3)V 9(2)	9(3)	9(6)

RESOURCE DATA 입력 양식

Resource Code	Description	Class	Unit	Rate	Level * 3		
					From	To	Avail
X(4)	X(36)	X(1)	X(4)	9(7)V 99	9(6)	9(6)	9(4)

ORGANIZATION DATA

· ommon Data 입력양식

일련번호	Code	Table 갯 수	Description
9(2)	X(4)	9(1)	X(32)

· Head Data

일련 번호	Code	Level 갯수	Data Level	Sch. Level	Descrip-tion	가 중 치	W/D Percentage	견적액	실행예산	실행액	Current Cost	기간별 계획 누적치 *12
9(2)	X(4)	9(1)	9(1)	9(1)	X(32)	9(5)V 99	9(3)V 99	9(12)	9(12)	9(12)	9(12)	9(3)V 99

· Org Data 입력양식

일련 번호	Code	Summary Code	Description	가 중 치	W/ D Percentage	견 적 액	실행예산	실 행 액	Current Cost	기간별계획 누적치 *12
9(2)	X(4)	X(4)	X(32)	9(5)V 99	9(3) V 99	9(12)	9(12)	9(12)	9(12)	9(3) V 99

(주)일련번호 : 9(1)Level 번호, 9(1)Table번호

2. 자료 출력 실례

Network Data List

```
                                        NEWTORK DATA LIST
공사코드 : NETA
공사이름 : 고속도로공사                                                                      현재날짜: 2014/08/27
---------------------------------------------------------------------------------------------------------------
SUB.CODE ACT-I ACT-J 기간 작 업 내 용                 가중치 SCH.TYPE DATE      견 적 액    실행예산   현싯가액   기타경비
 RESOURCE *8        CODE DLY DUR Q'TY
 ORGANIZATION CODE *4  MILESTONE
---------------------------------------------------------------------------------------------------------------
HWAY  A-001  A-005   2  거푸집 반입                    91.00                   3,997,135   3,997,130  7,504,800          0
PLYW      1  364.4  STIM   1 148.0 IRON 1   1 292.0
DELI  PREW              1  S
HWAY  A-001  A-015   2  철근 반입                      80.00                   3,815,442   3,815,440  4,373,422    585,181
STRE      1   14.5
DELI  PREW              1  S
HWAY  A-001  A-025   5  현장 준비                       0.00                           0           0          0          0
PREW  PREW              5  F
HWAY  A-001  A-035   2  말뚝 반입                      56.00                   2,479,680   2,479,680  2,479,680  2,044,728
PILE      1  168.0
DELI  PREW              1  S
HWAY  A-001  A-170  29  P.C빔 제작                    204.00                   8,977,285   8,977,280  8,959,620     73,280
PCBM  28  1    4.0  SCAF  28 1 4.0  OPER 28  1  .2.0 LABR 28  1  8.0
SLAB  SLAB              2  F
HWAY  A-005  A-010   2  기초 거주집 제작                1.00                      68,212      68,210     76,830          0
PLYM      1      6  STIM   1   8 IRON     1  28.3 SCAF  1   1  2.0  LABR      2  2.0
NOIB  SBTI              2  F
HWAY  A-010  A-045   0  DUmmY                           0.00                           0           0          0          0
HWAY  A-010  A-005   3  교대 거주집 제작               20.00                   1,222,686   1,222,680  2,232,060          0
SCAF      1    1.0  LABR   1 1.0  PLYW    1 134.9 STIM    1  5.1  IRON     1 137.4  SCAF  2  1.1 0 LABR  1  1.0
NOIB  SBTI              2  S
HWAY  A-015  A-020   2  기초 철근 가공                 10.00                     568,248     568,240  6,289,242          0
REBY  1   1    2.0  LABR   1 1.0 STRE     1  24.0
NOIB  SBTI              2  S
HWAY  A-020  A-045   0  DUMMY                           0.00                           0           0          0          0
HWAY  A-020  A-060   2  1교대 철근 가공    1   2.4     10.00                     449,737     449,730    646,069          0
REBR  1   1    2.0  LABR   1  1.0 STRE                                                       449,730
NOIB  SBTI              2  S
HWAY  A-025  A-030   5  1교대 굴착                     10.00                     579,003     579,000    582,565    385,695
OPER      1    1.0  LABR   4 10.0 LABR 4   1   3.0 PUMP 3   1  1.0
NOIE  EARI              5  S
---------------------------------------------------------------------------------------------------------------
```

Progress Data List

PROGRESS DATA LIST

공사코드 : NETA
공사이름 : 고속도로공사

현재날짜 : 2014/08/27

SUBNET CODE	ACTIVITY		ACTUAL DATE START	END	실 행 액	잔여예상액	W / D PERCENTAGE	잔여기간	DATA DATE
HWAY	A-001	A-005	2014/09/02	2014/09/03	3, 500, 000	0	100. 00 %	0	2014/09/05
HWAY	A-001	A-010	2014/09/02		0	0	0. 00 %	0	2014/09/05
HWAY	A-001	A-015	2014/09/03		0	0	50. 00 %	2	2014/09/05
HWAY	A-001	A-025	2014/09/02		0	0	60. 00 %	0	2014/09/05
HWAY	A-001	A-035	2014/09/03		0	0	66. 67 %	1	2014/09/05
HWAY	A-001	A-170	2014/09/02		0	0	10. 00 %	27	2014/09/05
HWAY	A-005	A-010	2014/09/03	2014/09/04	65, 000	0	100. 00 %	0	2014/09/05
HWAY	A-010	A-055	2014/09/04		0	0	25. 00 %	3	2014/09/05

Resource Data List

RESOURCE DATA LIST

공사코드 : NETA
공사이름 : 고속도로공사

현재날짜 : 2014/08/27

RESOURCE CODE	DESCRIPTION	CLASS	UNIT	RATE	AVAILABILITY LEVEL FROM	TO	LIMIT	FROM	TO	LIMIT	FROM	TO	LIMIT
CM IX	콘크리트믹서(CONCRETE MIXER)	E	HOUR	2, 903. 00	14/09/27	14/09/30	1	14/10/15	14/10/17	2	14/11/02	14/11/09	2
CONC	콘크리트(CONCRETE)	M	m^3	27, 767. 00									
IRON	철골(IRON)	M	kg	900. 00									
LABR	보통인부(LABOURS)	L	DAY	4, 530. 00	14/09/04	14/09/17	14	14/09/18	14/11/11	31	14/11/12	14/12/05	6
LUMB	말뚝작업반(LUMBER MAN)	L	DAY	7, 250. 00	14/09/13	14/09/13	1	14/09/21	14/09/21	1	14	14	
MASN	석공(STONE MASON)	L	DAY	7, 000. 00	14/10/15	14/10/17	1	14/11/01	14/11/03	1	14	14	
OPER	장비운전공(OPERATOR)	L	DAY	1, 261. 80	14/09/07	14/10/02	1	14/10/06	14/10/06	8	14/10/15	14/11/21	3
PAVW	콘크리트공(PAVINE WOREER)	L	DAY6	450. 00	14/09/14	14/10/05	5	14/10/11	14/11/11	4	14/11/25	14/11/28	2
PCBM	P.C 빔(P.C BEAM)	M	EA	2, 204, 574. 00									
PILE	말뚝(PILE)	M	m	2, 589. 00									
PLHM	디젤햄머(PILE HAMMER)	E	HOUR	17, 100. 00	14/09/13	14/09/13	1	14/09/21	14/09/21	1	14	14	
PLYW	합판(PLYWOOD)	M	kg	15, 000. 00									
PUMP	펌프(PUMP)	E	HOUR	818. 00	14/09/11	14/09/19	1	14/09/21	14/10/02	2	14/10/21	14/11/21	1
REBR	철근공(REBAR WOREER)	L	DAY	7, 260. 00	14/09/05	14/10/05	2	14/10/12	14/10/18	1	14/10/23	14/11/11	1
RTIM	통나무(ROUND TIMBER)	M	m^3	720. 00									
SCAF	비계공(SCAFFOLDER)	L	DAY	7, 320. 00	14/09/05	14/11/11	5	14/11/13	14/11/20	8	14/12/03	14/12/04	7
STEL	기타 강재(STEELS)	M	kg	200. 00									
STIM	각재(SQUAR TIMBER)	M	m^3	12, 000. 00									
STRE	철근(STEEL REINFORING)	M	t	261, 258. 00									
TCRN	트럭크레인(TRUCK CRANE)	E	HOUR	15, 400. 00	14/09/13	14/09/13	1	14/09/21	14/09/21	1	14/11/09	14/11/11	1
VIBR	바이브레타(VIBRATOR)	E	HOUR	610. 10	14/09/20	14/09/30	2	14/10/15	14/11/01	4	14/11/09	14/11/22	1
WRLD	용접공(WELDERS)	L	DAY	7, 500. 00	14/12/05	14/12/05	1	14	14		14	14	

Organization Data List

ORGANIZATION DATA LIST

공사코드 : NETA

공사이름 : 고속도로공사 현재날짜 : 2014/08/27

일련번호	ORG CODE	SUMMARY CODE	DESCRIPTION		가중치	— WORE DONE — PRESENT	PREVIOUS		견적액		실행예산		실행액		현싯가액
			기간별계획누적치(%) :	1	2	3	4	5	6	7	8	9	10	11	12
12	EARW	PROJ	토공		97.00	0.00%	0.00%		39,143,090		26,643,070		0		1,876,635
				25.98	32.76	39.67	47.94	56.35	67.56	75.37	82.20	89.17	99.94	100.00	100.00
12	FINI	PROJ	마감공사		0.00	0.00%	0.00%		0		0		0		0
12	PREW	PROJ	현장준비		227.00	74.16%	0.00%		10,292,257		10,292,250		3,500,000		14,357,902
				12.00	13.00	14.00	20.00	30.00	40.00	50.00	55.00	58.00	62.50	87.00	100.00
12	REVE	PROJ	호안공사		33.00	0.00%	0.00%		1,488,096		1,488,090		0		1,324,140
						24.24	36.36	48.48	63.94	74.24	84.55	100.00	100.00	100.00	100.00
12	SUBS	PROJ	하부구조		185.60	3.23%	0.00%		10,273,518		10,273,420		65,000		19,364,154
				7.00	7.00	16.29	22.50	38.75	57.89	67.43	80.00	89.84	95.00	99.58	100.00
12	SUPS	PROJ	상부구조		457.40	4.46%	0.00%		20,435,074		20,485,000		0		21,611,401
					19.74	29.18	38.61	45.74	52.16	59.29	65.28	71.14	79.42	98.00	100.00
13	CLEA	FINI	현장정리		0.00	0.00%	0.00%		0		0		0		0
				10.00	20.00	30.00	50.00	70.00	100.00	100.00	100.00	100.00	100.00	100.00	100.00
13	DELI	PREW	자재반입		227.00	74.16%	0.00%		10,292,257		10,292,250		3,500,000		14,357,902
				12.00	13.00	14.00	20.00	30.00	40.00	50.00	55.000	58.00.	62.50	87.00	100.00
13	FNSH	FINI	현장검사		0.00	0.00%	0.00%		0		0		0		0
				10.00	20.00	30.00	40.00	50.00	60.00	70.00	80.00	90.00	100.00	100.00	100.00
13	MISC	SUPS	상부구조 기타 공사		64.90	0.00%	0.00%		2,898,030		2,898,010		0		759,909
								20.00	35.00	55.00	67.00	78.00	88.00	98.00	100.00
13	NOIB	SUBS	하부구조 1교대		108.30	5.54%	0.00%		6,066,297		6,066,240		65,000		13,990,110
				12.00	12.00	20.00	30.00	45.00	67.80	76.30	90.00	99.00	100.00	100.00	100.00
13	NOIE	EARW	토공 1교대		39.00	0.00%	0.00%		14,387,957		1,887,950		0		582,565
				20.00	22.00	24.30	30.01	40.50	55.00	67.00	70.00	75.00	100.00	100.00	100.00
13	NOIR	REVE	호안공사 1교대		17.00	0.00%	0.00%		771,351		771,850		0		689,878
									30.00	50.00	70.00	100.00	100.00	100.00	1 0000
13	NO2B	SUBS	하부구조 2교대		77.30	0.00%	0.00%		4,207,221		4,207,180		0		5,374,044
						11.10	12.00	30.00	44.00	55.00	66.00	77.00	88.00	99.00	100.00
13	NO2E	EARW	토공 2교대		58.00	0.00%	0.00%		24,755,133		24,755,120		0		1,294,070
				30.00	40.00	50.00	60.00	67.00	76.00	81.00	90.40	98.70	99.90	100.00	100.00

3. Reports

Report 종류 및 내용

No.	Report 이름	내 용
1	Activity Cost Report	○각 Activity에 대해 견적액(Estimate Cost), 실행예산(Budget), 현싯가액(Current Cost), 실행액(Actual Cost), 기성액(Work Done Value), 잔여예상액(Estimated To Complete Cost) ES, EF의 내용이 출력된다. 이때 현싯가액 $= \sum_{i=1}^{8}$ (Q'ty(Res) × Ratio)$_i$ + Extra Cost 기성액 = 견적액 × W.D Percentage 잔여예상액 = 실행예산 × $\frac{(100 - \text{W.D Percentage})}{100}$ 단, 잔여예상액 계산시 실행예산이 입력되어 있지 않으면 현싯가액, 견적액의 순으로 택한다.
2	Activity Resource Requirement Report	○각 Activity의 자원 및 요구량, 기타금액(Extra Cost), ES, EF의 내용이 출력된다.
3	Bar-Graph Report	○각 Activity의 일정을 도식화 하여 출력한다.
4	Cost Status/ Cumulative Report	○일정한 시간단위로 필요한 공사비와 이를 합산한 공사비를 도식화하여 출력한다.
5	Critical Path Activity Report	○주공정(Critical Path)상에 있는 Activity들의 ES, EF, LS, LF, TF, FF의 내용을 출력한다.
6	Milestone Report	○이정표(Milestone)가 설정된 Activity들의 내용을 출력한다.
7	Organization Activity Summary Report	○특정 Organization에 속한 Activity들의 가중치, 견적액, 실행예산, 현싯가액, 기성율(W.D Percentage) 기성액, 실행액, 잔여예상액, 종합가중치의 내용이 출력된다. 이때, 종합가중치 = 가중치 × 기성율
8	Organization Schedule Report	○특정 Organization에 속한 Activity들의 일정내용을 출력한다.
9	Organization Summary Report	○특정 Organization을 기준으로 바로 1단계 하위 Level에 대해 가중치, 견적액, 실행예산, 실행액, 기성액, 누적기성율, 금회분의 기성율, 계획치의 내용이 출력된다.
10	Progress Turn Around Report	○공사진행에 따른 공사진행 상태를 도식화하여 출력한다.
11	Project Cost Report	○각 월별로 견적액, 실행액, 실행예산, 현싯가액, 기성액 그리고 이들간의 비율로 출력한다.
12	Resource Loading & Cost Forecast Report	○해당 Resource(3개까지 가능)들의 이용가능량, 필요량, 누적치, 예상비용을 일별로 출력한다.
13	Resource Loading Forecast Report	○해당 Resource(최대 3개까지 가능)들의 이용가능량, 필요량, 필요량 누적치, 이용가능량과 필요량과의 차를 출력한다.
14	Resource Usage Report	○특정 Resource를 사용하는 Activity에 대해 일일사용량, 총사용량, Activity출발점과의 Delay, 자원 사용기간, ES, EF를 출력한다.
15	Resource Requirement Histogram	○특정자원에 대해 일별 요구량과 이용가능량을 도식화하여 출력한다.
16	Schedule Report	○전 Activity를 Scheduling Option에 따라 각각의 ES, EF, LS, LF, TF, FF, Scheduled Date를 출력한다.

Report

(1) Activity Cost Report

PROMATE SYSTEM Version 1 0

ACTIVITY COST REPORT

NETWORK　NETA 고속도로공사
SUBNET　HWAY 교량공사
SORT OPTION　가장 빠른 작수일
REMARK　DUMMY ACTIVITY 포함

작업 코드		작업 내용	공기	진척 상황	견적액	실행예산	현싯가액	실행액	기성액	잔여예상액	가장 작수일	빠른 완료일
A-001	A-005	거푸집 반입	2	C	3,997,135	3,997,130	7,504,800	3,500,000	3,997,135	0	14/09/02	14/09/03
A-001	A-025	현장준비	5	P	0	0	0	0	0	0	14/09/02	14/09/06
A-001	A-170	P C 빔 제작	30	P	8,977,285.	8,977,280	8,959,620	897,728	897,729	8,079,552	14/09/02	14/10/12
A-005	A-010	기초 거푸집 제작	2	C	68,212	68,210	76,830	65,000	68,212	0	14/09/03	14/09/04
A-001	A-035	말뚝반입	3	P	2,479,680	2,479,680	2,479,680	1,653,203	1,653,203	826,477	14/09/03	14/09/05
A-001	A-015	철근반입	4	P	3,815,442	3,815,440	4,373,422	1,907,720	1,907,721	1,907,720	14/09/03	14/09/06
A-010	A-055	교대 거푸집 제작	4	P	1,222,686	1,222,680	2,232,060	305,670	305,672	917,010	14/09/04	14/09/07
A-010	A-045	DUMMY	0		0	0	0	0	0	0	14/09/05	14/09/05
A-015	A-020	기초 철근 가공	2		568,248	568,240	6,289,242	0	0	568,240	14/09/07	14/09/09
A-025	A-030	1 교대 굴착	5		579,003	579,000	582,565	0	0	579,000	14/09/07	14/09/12
A-055	A-080	DUMMY	0		0	0	0	0	0	0	14/09/09	14/09/09
A-055	A-130	기타 거푸집 제작	1		121,841	121,840	177,660	0	0	121,840	14/09/09	14/09/09
A-020	A-045	DUMMY	0		0	0	0	0	0	0	14/09/10	14/09/10
A-130	A-215	DUMMY	0		0	0	0	0	0	0	14/09/10	14/09/10
A-020	A-060	1 교대 철근 가공	2		449,737	449,730	646,069	0	0	449,730	14/09/10	14/09/11
A-130	A-180	노면 거푸집 제작	7		1,899,093	1,899,090	3,544,410	0	0	1,899,090	14/09/10	14/09/17
A-060	A-080	DUMMY	0		0	0	0	0	0	0	14/09/12	14/09/12
A-060	A-095	2 교대 철근 가공	2		449,737	449,730	515,440	0	0	449,730	14/09/12	14/09/13
A-030	A-035	DUMMY	0		0	0	0	0	0	0	14/09/13	14/09/13
A-035	A-040	1 교대 기초 말뚝	1		324,126	324,120	96,362	0	0	324,120	14/09/13	14/09/13
A-030	A-050	2 교대 굴착	7		23,466,056	23,466,050	1,294,070	0	0	23,466,050	14/09/13	14/09/20
A-040	A-045	버림콘크리트 타설 양생	1		116,802	116,800	176,643	0	0	116,800	14/09/14	14/09/14
A-040	A-050	DUMMY	0		0	0	0	0	0	0	14/09/14	14/09/14
A-095	A-125	DUMMY	0		0	0	0	0	0	0	14/09/14	14/09/14
A-095	A-135	기타 철근 가공	2		39,448	39,440	46,627	0	0	39,440	14/09/14	14/09/16
A-045	A-065	1 교대 기초거푸집 철근	2		136,439	136,430	131,633	0	0	136,430	14/09/16	14/09/17
A-135	A-215	DUMMY	0		0	0	0	0	0	0	14/09/17	14/09/17
A-135	A-190	노면 철근 가공	5		1,382,266	1,382,260	1,624,514	0	0	1,382,260	14/09/17	14/09/21
A-065	A-070	1 교대 기초 콘크리드 타설 양생	4		752,747	752,740	1,184,905	0	0	752,740	14/09/18	14/09/21
A-050	A-085	2 교대 기초 말뚝	1		324,126	324,120	103,612	0	0	324,120	14/09/21	14/09/21
A-070	A-075	기초 거푸집 철거	1		48,221	48,220	33,663	0	0	48,220	14/09/23	14/09/23
A-085	A-090	2 교대 버림 콘크리트 타설 양생	1		116,802	116,800	161,267	0	0	116,800	14/09/23	14/09/23
A-075	A-080	DUMMY	0		0	0	0	0	0	0	14/09/24	14/09/24
A-075	A-090	DUMMY	0		0	0	0	0	0	0	14/09/24	14/09/24
A-090	A-115	2 교대 기초 거푸집 철근 조립	2		136,439	136,430	122,319	0	0	136,430	14/09/24	14/09/25

(2) Activity Resource Requirement Report

ACTIVTY RESOURCE REQUIREMENT REPORT

NETWORK　　NETA　고속도로공사
SUBNET　　HWAY　교량공사
SORT OPTION　　가장 빠른 착수일

기간 : 14/09/01 부터 – 14/09/30까지

작업	코드	작업내용	진척상황	자원 1 코드	자원 1 요구량	자원 2 코드	자원 2 요구량	자원 3 코드	자원 3 요구량	자원 4 코드	자원 4 요구량	기타금액	가장 빠른 착수일	가장 빠른 완료일
A-001	A-005	거푸집 반입	C	PLYW	364.4	STIM	148.0	IRON	292.0		0		14/09/02	14/09/03
A-001	A-025	현장준비	P		0		0		0		0		14/09/02	14/09/06
A-001	A-170	P C 빔 제작	P	PCBM	4.0	SCAF	4.0	OPER	2.0	LABR	8.0	73,280	14/09/02	14/10/12
A-005	A-010	기초 거푸집 제작	C	PLYW	6	STIM	8	IRON	28.3	SCAF	2.0		14/09/03	14/09/04
				LABR	2.6		0		0		0			
A-001	A-035	말뚝 반입	P	PILE	168.0		0		0		0	2,044,728	14/09/03	14/09/05
A-001	A-015	철근 반입	P	STRE	14.5		0		0		0	585,181	14/09/03	14/09/06
A-010	A-055	교대 거푸집 제작	P	SCAF	1.0	LABR	1.0	PLYW	134.9	STIM	5.1		14/09/04	14/09/07
				IRON	137.4	SCAF	1.0	LABR	1.0		0			
A-015	A-020	기초 철근 가공		REBR	2.0	LABR	1.0	STRE	24.0		0		14/09/07	14/09/09
A-025	A-030	1교대 굴착		OPER	1.0	LABR	10.0	LABR	3.0	PUMP	1.0	385,695	14/09/07	14/09/12
A-055	A-130	기타 거푸집 제작		SCAF	2.0	LABR	2.0	PLYW	9.0	STIM	5		14/09/09	14/09/03
				IRON	14.4		0		0		0			
A-020	A-060	1교대 철근 가공		REBR	2.0	LABR	1.0	STRE	2.4		0		14/09/10	14/09/11
A-130	A-180	노면 거푸집 제작		SCAF	1.0	LABR	1.0	PLYW	219.7	STIM	8.4		14/09/10	14/09/17
				IRON	111.9		0		0		0			
A-060	A-095	2교대 철근 가공		REBR	1.0	LABR	1.0	STRE	1.9		0		14/09/12	14/09/13
A-035	A-040	1교대 기초 말뚝		LUMB	1.0	SCAF	3.0	OPER	1.0	LABR	3.0	18,982	14/09/13	14/09/13
				PUMP	1.0	TCRN	1.0	PLBM	1.0		0			
A-030	A-050	2교대 굴착		OPER	1.0	LABR	10.0	LABR	15.0	PUMP	1.0	906,940	14/09/13	14/09/20
A-040	A-045	버림 콘크리트 타설 양생		PAVW	2.0	LABR	3.0	PUMP	1.0	CONC	2.7	86,364	14/09/14	14/09/14
A-095	A-135	기타 철근 가공		REBR	1.0	REBR	2.0	LABR	1.0	IRON	2.1	13,897	14/09/14	14/09/16
A-045	A-065	1교대 기초 거푸집 철근		LABR	2.0	LABR	1.0	REBR	1.0	REBR	1.0	94,395	14/09/16	14/09/17
				SCAF	1.0	PUMP	1.0	IRON	1.1		0			
A-135	A-190	노면 철근 가공		REBR	1.0	LABR	1.0	LABR	1.0	STRE	6.1		14/09/17	14/09/21
A-065	A-070	1교대 기초 콘크리트 타설 양생		PAVW	4.0	OPER	1.0	LABR	10.0	LABR	8.0	443,583	14/09/18	14/09/21
				VIBR	2.0	CMIX	1.0	PUMP	1.0	CONC	20.1			
A-050	A-085	2교대 기초 말뚝		LUMB	2.0	SCAF	3.0	OPER	1.0	LABR	3.0	18,982	14/09/21	14/09/21
				PUMP	1.0	TCRN	1.0	PLHM	1.0		0			
A-070	A-075	기초 거푸집 철거		SCAF	1.0	OPER	1.0	LABR	2.0	PUMP	1.0	15,203	14/09/23	14/09/23
A-085	A-090	2교대 버림 콘크리트 타설 양생		PAVW	2.0	OPER	1.0	LABR	3.0	PUMP	1.0	69,726	14/09/23	14/09/23
				CONC	2.7		0		0		0			
A-090	A-115	2교대 기초 거푸집 철근 조립		SCAF	1.0	REBR	1.0	OPER	1.0	LABR	2.0	83,279	14/09/24	14/09/25
				LABR	1.0	PUMP	1.0	IRON	1.7		0			
A-080	A-100	1교대 거푸집 철근		LABR	4.0	LABR	3.0	SCAF	3.0	REBR	1.0	596,377	14/09/24	14/10/04
				STIM	1.5		6.7	IRON	25.4	STEL	12.6			

(3) Bar-Graph Report

PAGE : 1
RUN DATE : 14/09/10
PROMATE SYSTEM Veraion 1.0 UPDATE DATE : 14/09/05

BAR-GRAPH

NETWORK NETA 고속도로공사
SUBNET HWAY 교량공사
SORT OPTION 가장 빠른 착수일
REMARK DUMMY ACTIVITY 포함

작 업	코 드	작 업 내 용	공기	I	기 호 (*)의 단 위–2일 02SEP85 20SEP85 08OCT85 26OCT85 13NOV85 01DEC85 19DEC85 06JAN86 24JAN86 11FEB86
A-001	A-005	거푸집 반입	2	I	S
A-001	A-025	현장준비	5	I	PP
A-001	A-170	P.C빔 제작	30	I	PPPPPPPPPPPPPPPPPPPP —
A-005	A-010	기초 거푸집 제작	2	I	S
A-001	A-035	말뚝 반입	3	I	P—
A-001	A-015	철근 반입	4	I	PP—
A-010	A-055	교대 거푸집 제작	4	I	·PP——
A-010	A-045	DUMMY	0	I	·
A-015	A-020	기초 철근 가공	2	I	· *—
A-025	A-030	1교대 굴착	5	I	· CCC
A-025	A-080	DUMMY	0	I	·
A-055	A-130	기타 거푸집 제작	1	I	· *————————
A-020	A-045	DUMMY	0	I	·
A-130	A-215	DUMMY	0	I	·
A-020	A-060	1교대 철근 가공	2	I	· *—
A-130	A-180	노면 거푸집 제작	7	I	· **** ————————
A-060	A-080	DUMMY	0	I	·
A-060	A-095	2교대 철근 가공	2	I	· *———
A-030	A-035	DUMMY	0	I	·
A-035	A-040	1교대 기초 말뚝	1	I	· C
A-030	A-050	2교대 굴착	7	I	· ****—
A-040	A-045	버림 콘크리트 타설 양생	1	I	· C
A-040	A-050	DUMMY	0	I	·
A-095	A-125	DUMMY	0	I	·
A-095	A-135	기타 철근 가공	2	I	· *——————————
A-045	A-065	1교대 기초 거푸집 철근	2	I	· C
A-135	A-215	DUMMY	0	I	·
A-135	A-190	노면 철공 가공	5	I	· **——————————
A-065	A-070	1교대 기초 콘크리트 타설 양생	4	I	· CC
A-050	A-085	2교대 기초 말뚝	1	I	· *——
A-070	A-075	기초 거푸집 철거	1	I	· ·C
A-085	A-090	2교대 버림 콘크리트 타설 양생	1	I	· ·*—
A-075	A-080	DUMMY	0	I	·
A-075	A-090	DUMMY	0	I	·
A-090	A-115	2교대 기초 거푸집 철근 조립	2	I	· ·*
A-080	A-100	1교대 거푸집 철근	5	I	· ·CCCC

(4) Cost Status/ Cumulative Report

PROMATE SYSTEM Veraion 1.0

RUN DATE : 14/09/10
UPDATE DATE : 14/09/05

BUDGET COST STATUS / COMULATIVE REPORT

NETWORK NETA 고속도로공사
ACT. POSITION 가장 빠른 착수일

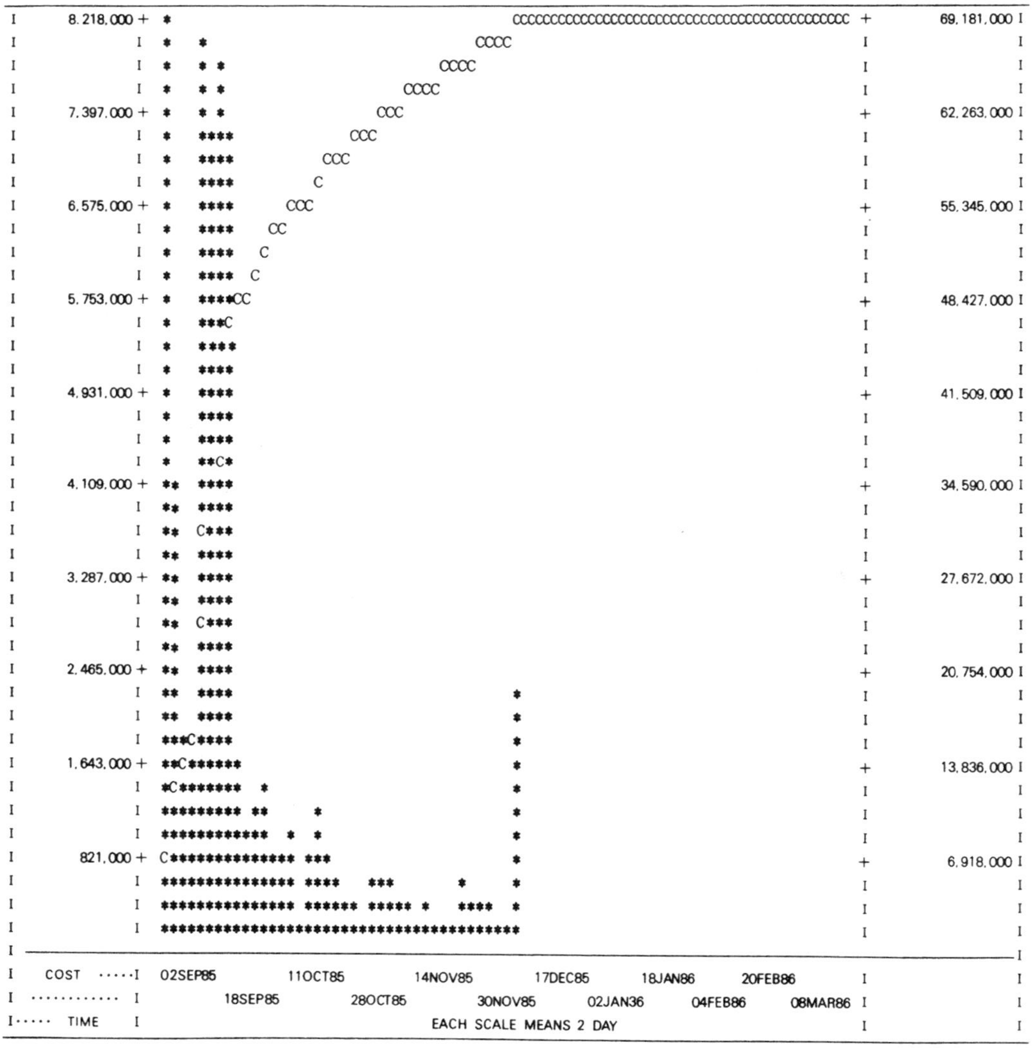

(5) Critical Path Activity Report

PROMATE SYSTEM Version 1 0

RUN DATE : 14/09/10
UPDATE DATE : 14/09/05

CRITICAL PATH ACTIVITY REPORT

NETWORK NETA 고속도로공사
RUBNET HWAY 교량공사
SORT OPTION 가장 빠른 착수일

작업 코드		작업 내용	공기	진척 상황	가장 빠른 착수일	가장 빠른 완료일	가장 늦은 착수일	가장 늦은 완료일	총여유 일수	자유여유 일수	특기사항
A-001	A-005	거푸집 반입	2	C	14/09/02	14/09/03	14/09/02	14/09/03	0	0	
A-001	A-025	현장준비	5	P	14/09/02	14/09/06	14/09/02	14/09/06	0	0	
A-005	A-010	기초 거푸집 제작	2	C	14/09/03	14/09/04	14/09/03	14/09/04	0	0	
A-025	A-030	1 교대 굴착	5		14/09/07	14/09/12	14/09/07	14/09/12	0	0	
A-030	A-035	DUMMY	0		14/09/13	14/09/13	14/09/13	14/09/13	0	0	DUMMY
A-035	A-040	1 교대 기초 말뚝	1		14/09/13	14/09/13	14/09/13	14/09/13	0	0	
A-040	A-045	버림 콘크리트 타설 양생	1		14/09/14	14/09/14	14/09/14	14/09/14	0	0	
A-045	A-065	1 교대 기초 거푸집 철근	2		14/09/16	14/09/17	14/09/16	14/09/17	0	0	
A-065	A-070	1 교대 기초 콘크리트 타설 양생	4		14/09/18	14/09/21	14/09/18	14/09/21	0	0	
A-070	A-075	기초 거푸집 철거	1		14/09/23	14/09/23	14/09/23	14/09/23	0	0	
A-075	A-080	DUMMY	0		14/09/24	14/09/24	14/09/24	14/09/24	0	0	
A-080	A-100	1 교대 거푸집 철근	5		14/09/24	14/10/04	14/09/24	14/10/04	0	0	DUMMY
A-100	A-105	1 교대 콘크리트 타설 양생	6		14/10/05	14/10/12	14/10/05	14/10/12	0	0	
A 105	A-110	1 교대 거푸집 철거	3		14/10/14	14/10/16	14/10/14	14/10/16	0	0	
A 110	A-125	DUMMY	0		14/10/17	14/10/17	14/10/17	14/10/17	0	0	
A 125	A-150	2 교대 거푸집 철근 조립	5		14/10/17	14/10/22	14/10/17	14/10/22	0	0	DUMMY
A 150	A-155	2 교대 콘크리트 타설 양생	6		14/10/23	14/10/29	14/10/23	14/10/29	0	0	
A 155	A-160	2 교대 거푸집 철거	3		14/10/30	14/11/02	14/10/30	14/11/02	0	0	
A 160	A-170	지지판	5		14/11/04	14/11/08	14/11/04	14/11/08	0	0	
A 170	A-180	P.C 빔 설치	8		14/11/09	14/11/18	14/11/09	14/11/18	0	0	
A 180	A-190	노면 거푸집 설치	4		14/11/19	14/11/22	14/11/19	14/11/22	0	0	
A 190	A-195	노면 철근 조립	4		14/11/23	14/11/27	14/11/23	14/11/27	0	0	
A 195	A-200	노면 콘크리트 타설 양생	7		14/11/28	14/12/05	14/11/28	14/12/05	0	0	
A 200	A-205	노면 거푸집 철거	5		14/12/06	14/12/11	14/12/06	14/12/11	0	0	
A 205	A-210	난간	1		14/12/12	14/12/12	14/12/12	14/12/12	0	0	
A 205	A 240	신축이음	1		14/12/12	14/12/12	14/12/12	14/12/12	0	0	
A 210	A-240	DUMMY	0		14/12/13	14/12/13	14/12/13	14/12/13	0	0	DUMMY
A-240	A-245	현장청소	2		14/12/13	14/12/14	14/12/13	14/12/14	0	0	
A-245	A-250	최종검사	2		14/12/16	14/12/17	14/12/16	14/12/17	0	0	
A-250	A-255	여유시간	13		14/12/18	15/01/01	14/12/18	15/01/01	0	0	

(6) Milestone Report

RUN DATE :14/09/10
UPDATE DATE :14/09/05

PROMATE SYSTEM Version 1.0

MILESTONE PRPORT

NETWORK NETA 고속도로공사
SUBNET HWAY 교량공사
SORT OPTION 가장 빠른 착수일

MILESTONE LEVEL :5

작 업	코 드	작 업 내 용	진척 상황	가장 빠른 착수일	가장 늦은 완료일	총여유 일수	자유여유 일수	MIL. T	L	특기사항
A-001	A-005	거푸집 반입	C	14/09/02	14/09/03	0	0	S	1	
A-001	A-025	현장준비	P	14/09/02	14/09/06	0	0	F	5	
A-001	A-170	P.C 빔 제작	P	14/09/02	14/11/08	22	22	F	2	
A-005	A-010	기초 거푸집 제작	C	14/09/03	14/09/04	0	0	F	2	
A-001	A-035	말뚝 반입	P	14/09/03	14/09/12	6	6	S	1	
A-001	A-015	철근 반입	P	14/09/03	14/09/12	5	0	S	1	
A-010	A-055	교대 거푸집 제작	P	14/09/04	14/09/23	13	0	S	2	
A-015	A-020	기초 철근 가공		14/09/07	14/09/14	5	0	S	2	
A-025	A-030	1교대 굴착		14/09/07	14/09/12	0	0	S	5	
A-055	A-130	기타 거푸집 제작		14/09/09	14/11/09	46	0	S	3	
A-020	A-060	1교대 철근 가공		14/09/10	14/09/23	10	0	S	2	
A-130	A-180	노면 거푸집 제작		14/09/10	14/11/18	46	46	F	4	
A-060	A-095	2교대 철근 가공		14/09/12	14/10/16	22	0	S	3	
A-035	A-040	1교대 기초 말뚝		14/09/13	14/09/13	0	0	S	5	
A-030	A-050	2교대 굴착		14/09/13	14/10/04	7	0	S	5	
A-040	A-045	버림 콘크리트 타설 양생		14/09/14	14/09/14	0	0	F	4	
A-045	A-065	1교대 기초 거푸집 철근		14/09/16	14/09/17	0	0	F	4	
A-065	A-070	1교대 기초 콘크리트 타설 양생		14/09/18	14/09/21	0	0	S	4	
A-050	A-085	2교대 기초 말뚝		14/09/21	14/10/05	7	0	F	3	
A-070	A-075	기초 거푸집 철거		14/09/23	14/09/23	0	0	S	4	
A-085	A-090	2교대 버림 콘크리트 타설 양생		14/09/23	14/10/07	7	0	S	3	
A-080	A-100	1교대 거푸집 철근		14/09/24	14/10/04	0	0	S	4	
A-115	A-120	2교대 기초 콘크리트 타설 양생		14/09/26	14/10/15	7	0	S	5	
A-120	A-125	2교대 기초 거푸집 철거		14/10/07	14/10/16	7	7	S	5	
A-105	A-110	1교대 거푸집 철거		14/10/14	14/10/16	0	0	S	4	
A-150	A-155	2교대 콘크리트 타설 양생		14/10/23	14/10/29	0	0	S	5	
A-155	A-160	2교대 거푸집 철거		14/10/30	14/11/02	0	0	S	4	
A-160	A-170	지진판		14/11/04	14/11/08	0	0	S	4	
A-230	A-240	에프로치슬라브 교명주(2)		14/11/08	14/12/12	25	25	S	2	
A-235	A-240	호안(2)		14/11/08	14/12/12	24	24	S	2	
A-170	A-180	P.C 빔 제작		14/11/09	14/11/18	0	0	S	5	
A-180	A-190	노면 거푸집 설치		14/11/19	14/11/22	0	0	S	4	
A-190	A-195	노면 철근 조립		14/11/23	14/11/27	0	0	S	4	
A-195	A-200	노면 콘크리트 타설 양생		14/11/28	14/12/05	0	0	S	4	
A-200	A-205	노면 거푸집 철거		14/12/06	14/12/11	0	0	S	4	
A-205	A-210	난간		14/12/12	14/12/12	0	0	S	5	
A-205	A-240	신축이음		14/12/12	14/12/12	0	0	S	4	
A-240	A-245	현장청소		14/12/12	14/12/14	0	0	F	3	
A-245	A-250	최종검사		14/12/16	14/12/17	0	0	S	5	

(7) Organization Activity Summary Report

PROMATE SYSTEM Version 1 0

ORGANIZATION ACTIVITY SUMMARY REPORT

RUN DATE : 14/09/10
UPDATE DATE : 14/09/05

NETWORK NETA 고속도로공사
TABLE NO. 1 PROJ … 교량공사
LEVEL NO. 1 PROJ … 교량공사
SORT OPTION 가장 빠른 착수일

*1st SUB-ORG. CODE·SUBS………하부구조

작업	코드	작업 내용	공기	가중치	진척 상황	견적액	실행예산	현싯가액	기성율	기성액	실행액	잔여예상액	종합 가중치
#	2nd	SUB—ORG. CODE NOIB…하부구조1교대											
A-005	A-010	기초 거푸집 제작	2	1.00	C	68,212	68,210	76,830	100.00	65,000	68,212	0	1.00
A-010	A-055	교대 거푸집 제작	4	20.00	P	1,222,686	1,222,680	2,232,060	25.00	305,670	305,672	917,010	5.00
A-015	A-020	기초 철근 가공	2	10.00		568,248	568,240	6,289,242	.00	0	0	568,240	00
A-020	A-060	1교대 철근 가공	2	10.00		449,737	449,730	646,069	.00	0	0	449,730	00
A-035	A-040	1교대 기초 말뚝	1	7.00		324,126	324,120	96,362	.00	0	0	324,120	00
A-040	A-045	버림 콘크리트 타설 양생	1	2.00		116,802	116,800	176,643	.00	0	0	116,800	00
A-045	A-065	1교대 기초 거푸집 철근	2	3.00		136,439	136,430	131,633	.00	0	0	136,430	00
A-065	A-070	1교대 기초 콘크리트 타설 양생	4	10.00		752,747	752,740	1,184,905	.00	0	0	752,740	00
A-070	A-075	기초 거푸집 철거	1	1.00		48,221	48,220	33,663	.00	0	0	48,220	00
A-080	A-100	1교대 거푸집 철근	5	10.00		846,922	846,920	839,287	.00	0	0	846,920	00
A-100	A-105	1교대 콘크리트 타설 양생	6	26.00		1,148,360	1,148,360	1,905,619	.00	0	0	1,148,360	00
A-105	A-110	1교대 거푸집 철거	3	8.00		366,733	366,730	1,366,733	.00	0	0	366,730	00
A-110	A-140	1교대 마감 손질	1	.30		17,064	17,060	11,064	.00	0	0	17,060	00
	2nd SUB—ORG.	합 계		108 30		6,066,297	6,066,240	13,990,110		370,670	373,884	5,692,360	6.00
#	2nd	SUB—ORG. CODE NO2B…교량공사											
A-060	A-095	2교대 철근 가공	2	10.00		449,737	449,730	515,440	.00	0	0	449,730	.00
A-050	A-085	2교대 기초 말뚝	1	7.00		324,126	324,120	103,612	.00	0	0	324,120	.00
A-085	A-090	2교대 버림 콘크리트 타설 양생	1	2.00		116,802	116,800	161,267	.00	0	0	116,800	.00
A-090	A-115	2교대 기초 거푸집 철근 조립	2	3.00		136,439	136,430	122,319	.00	0	0	136.430	.00
A-115	A-120	2교대 기초 콘크리트 타설 양생	4	10.00		752,747	752,740	1,307,215	.00	0	0	752,740	.00
A-120	A-125	2교대 기초 거푸집 철거	1	1.00		48,221	48,220	33,663	.00	0	0	48,220	.00
A-125	A-150	2교대 거푸집 철근 조립	5	10.00		846,992	846,990	844,111	.00	0	0	846,990	.00
A-150	A-155	2교대 콘크리트 타설 양생	6	26.00		1,148,360	1,148,360	1,908,620	.00	0	0	1,148,360	.00
A-155	A-160	2교대 거푸집 철거	3	8.00		366,733	366,730	366,733	.00	0	0	366,730	.00
A-160	A-220	2교대 마감 손질	1	.30		17,064	17,060	11,064	.00	0	0	17,060	.00
	2nd SUB—ORG.	합 계		77.30		4,207,221	4,207,180	5,374,044		0	0	4,207,180	.00
	1st SUB—ORG.	합 계		185.60		10,273,518	10,273,420	19,364,154		370,670	373,884	9,899.540	6.00

(8) Organization Schedule Report

RUN DATE : 14/09/09
UPDATE DATE : 14/09/05

PROMATE SYSTEM Version 1.0

ORGANIZATION SCHEDULE REPORT

NETWORK NETA 고속도로공사
TABLE NO. 1 PROJ…… 교량공사
LEVEL NO. 1 PROJ…… 교량 공사
SORT OPTION 가장 빠른 착수일

Ist SUB-ORG. CODE SUBS…… 하부구조

작업	코드	작 업 내 용	공기	진척 상황	가장 빠른 착일일수	가장 빠른 완료일	가장 늦은 착수일	가장 늦은 완료일	총여유 일수	자유여유 일수	특기사항
# 2nd SUB-ORG. CODE		NOIB……하부구조 1교대									
A-005	A-010	기초 거푸집 제작	2	C	14/09/03	14/09/04	14/09/03	14/09/04	0	0	
A-010	A-055	교대 거푸집 제작	4	P	14/09/04	14/09/07	14/09/04	14/09/23	13	0	
A-015	A-020	기초 철근 가공	2		14/09/07	14/09/09	14/09/13	14/09/14	5	0	
A-020	A-060	1교대 철근 가공	2		14/09/10	14/09/11	14/09/21	14/09/23	10	0	
A-035	A-040	1교대 기초 말뚝	1		14/09/13	14/09/13	14/09/13	14/09/13	0	0	
A-040	A-045	버림 콘크리트 타설 양생	1		14/09/14	14/09/14	14/09/14	14/09/14	0	0	
A-045	A-065	1교대 기초 거푸집 철근	2		14/09/16	14/09/17	14/09/16	14/09/17	0	0	
A-065	A-070	1교대 기초 콘크리트 타설 양생	4		14/09/18	14/09/21	14/09/18	14/09/21	0	0	
A-070	A-075	기초 거푸집 철거	1		14/09/23	14/09/23	14/09/23	14/09/23	0	0	
A-080	A-100	1교대 거푸집 철근	5		14/09/24	14/10/04	14/09/24	14/10/04	0	0	
A-100	A-105	1교대 콘크리트 타설 양생	6		14/10/05	14/10/12	14/10/05	14/10/12	0	0	
A-105	A-110	1교대 거푸집 철거	3		14/10/14	14/10/16	14/10/14	14/10/16	0	0	
A-110	A-140	1교대 마감 손질	1		14/10/17	14/10/17	14/11/26	14/11/26	33	0	
# 2nd SUB-ORG. CODE		NO2B……하부구조 2교대									
A-060	A-095	2교대 철근 가공	2		14/09/12	14/09/13	14/10/15	14/10/16	22	0	
A-050	A-085	2교대 기초 말뚝	1		14/09/21	14/09/21	14/10/05	14/10/05	7	0	
A-085	A-090	2교대 버림 콘크리트 타설 양생	1		14/09/23	14/09/23	14/10/07	14/10/07	7	0	
A-090	A-115	2교대 기초 거푸집 철근 조립	2		14/09/24	14/09/25	14/10/08	14/10/10	7	0	
A-115	A-120	2교대 기초 콘크리트 타설 양생	4		14/09/26	14/10/05	14/10/11	14/10/15	7	0	
A-120	A-125	2교대 기초 거푸집 철거	1		14/10/07	14/10/07	14/10/16	14/10/16	7	7	
A-125	A-150	2교대 거푸집 철근 조립	5		14/10/17	14/10/22	14/10/17	14/10/22	0	0	
A-150	A-155	2교대 콘크리트 타설 양생	6		14/10/23	14/10/29	14/10/23	14/10/29	0	0	
A-155	A-160	2교대 거푸집 철거	3		14/10/30	14/11/02	14/10/30	14/11/02	0	0	
A-160	A-220	2교대 마감 손질	1		14/11/04	14/11/04	14/12/02	14/12/02	24	0	

(9) Organization Turn-Around Report

ORGANIZATION SUMMARY REPORT

PROMATE SYSTEM Version 1.0

NETWORK NETA 고속도로공사
TABLE NO. 1 PROJ…… 교량공사
LEVEL NO. 1 PROJ…… 교량공사

현재날짜 : 14/09/10

코드	작 업 내 용	가중치	견 적 액	실행예산	실 행 액	기 성 액	누계 W/D (%)	누계 가중치	금회분 W/D (%)	금회분 가중치	계획치 (%)
EARW	토공	97.00	39,143,090	26,643,070	0	0	0.00	0.00	0.00	0.00	25.98
FINI	마감공사	0.00	0	0	0	0	0.00	0.00	0.00	0.00	0.00
PREW	현장 준비	227.00	10,292,257	10,292,250	3,500,000	7,632,738	74.16	168.34	74.16	168.34	12.00
REVE	호안공사	33.00	1,488,096	1,488,090	0	0	0.00	0.00	0.00	0.00	0.00
SUBS	하부구조	185.00	10,273,518	10,273,420	65,000	331,835	3.23	5.99	3.23	5.99	7.00
SUPS	상부구조	457.40	20,435,074	20,485,000	0	911,404	4.46	20.40	4.46	20.40	0.00
**TOTAL		1,000.00	81,632,035	69,181,830	3,565,000	15,893,757	19.47	194.73	19.47	194.73	6.54

(10) Project Cost Report

POOJECT COST REPORT

PROMATE SYSTEM Version 1.0

NETWORK　NETA　고속도로공사
ACT. POSITION　가장 빠른 착수일

RUN　DATE : 14/09/10
UPDATE　DATE : 14/09/05

기 간 연/월	견적액	실행예산	현싯가액	실행액	실행액 / 견적액	기 성 액	기성액 / 실행액
85 / 09	47, 782, 763	47, 782, 650	38, 950, 854	8, 329, 321	17. 43 %	8, 829, 671	106. 01 %
85 / 10	24, 154, 662	11, 654, 635	11, 763, 972	0	.00 %	0	.00 %
85 / 11	6, 114, 325	6, 114, 280	5, 180, 401	0	.00 %	0	.00 %
85 / 12	3, 580, 286	3, 630, 265	2, 639, 006	0	.00 %	0	.00 %
* 합 계 *	81, 632, 035	69, 181, 830	58, 534, 232	8, 329, 321		8, 829, 671	

(11) Progress Turn-Around Report

PROGRESS TURN-AROUND REPORT

PROMATE SYSTEM Version 1.0

NETWORK　NETA　고속도로공사
SUBNET　HWAY　교량공사
SORT OPTION　가장 빠른 착수일
REMARK　DUMMY ACTIVITY 포함

RUN　DATE : 14/09/10
UPDATE　DATE : 14/09/05

작업	코드	작업 내용	공기	가장 빠른 착수일	% I —— 20 —— 40 —— 60 —— 80 ———— I	가장 늦은 착수일	완료일	총여유 일수	특기사항
A-001	A-005	거푸집 반입	2	14/09/02	I****+****+****+****+****+I	14/09/11	85/09/12	0	
				(AS : 14/09/02)		14	(AF :85/09/03)		
A-001	A-015	철근 반입	2	14/09/02	I****+****+** I	14/09/11	85/09/12	5	
				(AS : 14/09/03)		14	(AF :)		
A-001	A-035	말뚝 반입	2	14/09/02	I****+****+****+* I	14/09/11	85/09/12	6	
				(AS : 14/09/03)		14	(AF :)		
A-001	A-025	현장 준비	5	14/09/02	I****+****+****+ I	14/09/02	85/09/06	0	
				(AS : 14/09/02)		14	(AF :)		
A-001	A-170	P.C 빔 제작	29	14/09/02	I** I	14/10/04	85/11/08	22	
				(AS : 14/09/02)		14	(AF :)		
A-005	A-010	기초 거푸집 제작	2	14/09/04	I****+****+****+****+****+I	14/09/13	85/09/14	0	
				(AS : 14/09/03)		14	(AF :85/09/04)		
A-015	A-020	기초 철근 가공	2	14/09/04	I I	14/09/13	85/09/14	5	
				(AS :)			(AF :)		
A-010	A-045	DUMMY	0	14/09/06	I I	14/09/16	85/09/16	9	
				(AS :)			(AF :)		
A-020	A-045	DUMMY	0	14/09/06	I I	14/09/16.	85/09/16	5	
				(AS :)			(AF :)		
A-020	A-060	1교대 철근 가공	2	14/09/06	I I	14/09/21	85/09/23	10	
				(AS :)			(AF :)		
A-010	A-055	교대 거푸집 제작	3	14/09/06	I****+* I	14/09/20	85/09/23	13	
				(AS : 14/09/04)			(AF :)		
A-025	A-030	1교대 굴착	5	14/09/07	I I	14/09/07	85/09/12	0	
				(AS :)			(AF :)		
A-060	A-080	DUMMY	0	14/09/09	I I	14/09/24	85/09/24	10	
				(AS :)			(AF :)		
A-060	A-095	2교대 철근 가공	2	14/09/09	I I	14/10/15	85/10/16	22	
				(AS :)			(AF :)		
A-055	A-080	DUMMY	0	14/09/10	I I	14/09/24	85/09/24	13	
				(AS :)			(AF :)		
A-055	A-130	기타 거푸집 제작	1	14/09/10	I I	14/11/09	85/11/09	46	
				(AS :)			(AF :)		
A-095	A-125	DUMMY	0	14/09/11	I I	14/10/17	85/10/17	22	
				(AS :)			(AF :)		
A-130	A-215	DUMMY	0	14/09/11	I I	14/12/02	85/12/02	64	
				(AS :)			(AF :)		
A-095	A-135	기타 철근 가공	2	14/09/11	I I	14/11/15	85/11/16	46	
				(AS :)			(AF :)		
A-130	A-180	노면 거푸집 제작	7	14/09/11	I I	14/11/11	85/11/18	46	
				(AS :)			(AF :)		

(12) Resource Loading & Cost Forecast Report

PROMATE SYSTEM Version 1.0

RESOURCE LOADING AND COST FORECAST REPORT

NETWORK NETA 고속도로공사 　　　　RUN DATE : 14/09/10
ACT POSITION 가장 빠른 착수일 　　　　UPDATE DATE : 14/09/05

자원코드 : LABR 보통인부 (LABOURS) 　　　　UNIT : DAY 　COST : 4530.00
자원코드 : OPER 장비운전공 (OPERATOR) 　　　　UNIT : DAY 　COST : 1261.80
자원코드 : PAVW 콘크리트공 (PAVINE WORKER) 　　　　UNIT : DAY6 　COST : 450.00

		LABR					OPER					PAVW			
기간		이용 가능량	필요량	필요량 누적치	예상 비용		이용 가능량	필요량	필요량 누적치	예상 비용		이용 가능량	필요량	필요량 누적치	예상 비용
14/09/03	I	0	2.0	2.0	9,060	I	0	:0	.0	0	I	0	.0	.0	0
14/09/04	I	14	3.0	5.0	13,590	I	0	.0	.0	0	I	0	.0	.0	0
14/09/05	I	14	.0	5.0	0	I	0	.0	.0	0	I	0	.0	.0	0
14/09/06	I	14	1.0	6.0	4,530	I	0	.0	.0	0	I	0	.0	.0	0
14/09/07	I	14	11.0	17.0	49,830	I	1	1.0	1.0	1,262	I	0	.0	.0	0
14/09/08	I					I					I				
14/09/09	I	14	12.0	29.0	54,360	I	1	.0	1.0	0	I	0	.0	.0	0
14/09/10	I	14	11.0	40.0	49,830	I	1	.0	1.0	0	I	0	.0	.0	0
14/09/11	I	14	10.0	50.0	45,300	I	1	.0	1.0	0	I	0	.0	.0	0
14/09/12	I	14	4.0	54.0	18,120	I	1	.0	1.0	0	I	0	.0	.0	0
14/09/13	I	14	14.0	68.0	63,420	I	1	2.0	3.0	2,524	I	0	.0	.0	0
14/09/14	I	14	15.0	83.0	67,950	I	1	.0	3.0	0	I	5	2.0	2.0	900
14/09/15	I										I				
14/09/16	I	14	14.0	97.0	63,420	I	1	.0	3.0	0	I	5	.0	2.0	0
14/09/17	I	14	13.0	110.0	58,890	I	1	.0	3.0	0	I	5	.0	2.0	0
14/09/18	I	31	25.0	135.0	113,250	I	1	1.0	4.0	1,262	I	5	.0	2.0	0
14/09/19	I	31	25.0	160.0	113,250	I	1	1.0	5.0	1,262	I	5	.0	2.0	0
14/09/20	I	31	25.0	185.0	113,250	I	1	.0	5.0	0	I	5	4.0	6.0	1,800
14/09/21	I	31	12.0	197.0	54,360	I	1	1.0	6.0	1,262	I	5	4.0	10.0	1,800
14/09/22	I					I					I				
14/09/23	I	31	5.0	202.0	22,650	I	1	1.0	7.0	1,262	I	5	2.0	12.0	900
14/09/24	I	31	6.0	208.0	27,180	I	1	2.0	9.0	2,524	I	5	.0	12.0	0
14/09/25	I	31	5.0	213.0	22,650	I	1	.0	9.0	0	I	5	.0	12.0	0
14/09/26	I	31	14.0	227.0	63,420	I	1	1.0	10.0	1,262	I	5	2.0	14.0	900
14/09/27	I	31	13.0	240.0	58,890	I	1	1.0	11.0	1,262	I	5	2.0	16.0	900
14/09/28	I					I					I				
14/09/29	I					I					I				
14/09/30	I					I					I				
14/10/01	I					I					I				
14/10/02	I					I					I				
14/10/03	I					I					I				
14/10/04	I	31	10.0	250.0	45,300	I	0	0	11.0	0	I	5	2.0	18.0	900

(13) Resource Loading Forecast Report

RESOURCE LOADING FORECAST REPORT

PROMATE SYSTEM Version 1.0

NETWORE NETA 고속도로공사
ACT POSITION 가장 빠른 착수일

RUN DATE : 14/09/10
UPDATE DATE : 14/09/05

자원코드 : LA 보통인부 (LABOURS)
자원코드 : OPER 장비운전공 (OPERATOP
자원코드 : PAVW 콘크리트공 (PAVINE WORKER)

기간		LABR					OPER					PAVW			
		이용 가능량	필요량	필요량 누적치	이용가능량 -필요량		이용 가능량	필요량	필요량 누적치	이용가능량 -필요량		이용 가능량	필요량	필요량 누적치	이용가능량 -필요량
14/09/03	I	0	2	2	−2	I	0	0	0	0	I	0	0	0	0
14/09/04	I	14	3	5	11	I	0	0	0	0	I	0	0	0	0
14/09/05	I	14	3	8	11	I	0	0	0	0	I	0	0	0	0
14/09/06	I	14	1	9	13	I	0	0	0	0	I	0	0	0	0
14/09/07	I	14	12	21	2	I	1	1	1	0	I	0	0	0	0
14/09/08	I					I					I				
14/09/09	I	14	13	24	1	I	1	1	2	0	I	0	0	0	0
14/09/10	I	14	13	47	1	I	1	0	2	1	I	0	0	0	0
14/09/11	I	14	11	58	3	I	1	0	2	1	I	0	0	0	0
14/09/12	I	14	14	72	0	I	1	0	2	1	I	0	0	0	0
14/09/13	I	14	18	90	−4	I	1	2	4	−1	I	0	0	0	0
14/09/14	I	14	18	108	−4	I	1	2	6	−1	I	5	2	2	3
14/09/15	I					I					I				
14/09/16	I	14	17	125	−3	I	1	0	6	1	I	5	2	4	3
14/09/17	I	14	16	141	−2	I	1	0	6	1	I	5	0	4	5
14/09/18	I	31	38	179	−7	I	1	1	7	0	I	5	0	4	5
14/09/19	I	31	25	204	6	I	1	1	8	0	I	5	0	4	5
14/09/20	I	31	25	229	6	I	1	1	9	0	I	5	4	8	1
14/09/21	I	31	37	266	−6	I	1	1	10	0	I	5	4	12	1
14/09/22	I					I					I				
14/09/23	I	31	17	283	14	I	1	2	12	−1	I	5	6	18	−1
14/09/24	I	31	11	294	20	I	1	3	15	−2	I	5	2	20	3
14/09/25	I	31	7	301	24	I	1	2	17	−1	I	5	0	20	5
14/09/26	I	31	15	316	16	I	1	1	18	0	I	5	2	22	3
14/09/27	I	31	17	333	14	I	1	1	19	0	I	5	2	24	3
14/09/28	I					I					I				
14/09/29	I					I					I				
14/09/30	I					I					I				
14/10/01	I					I					I				
14/10/02	I					I					I				
14/10/03	I					I					I				
14/10/04	I	31	13	346	18	I	0	1	20	−1	I	5	2	26	3

(14) Resource Requirement Histogram

```
                                   RESOURCE  REQUIREMENT  HISTOGRAM
                                        UETWORK            NETA 고속도로공사
PROMATE  SYSTEM  Version  1.0           ACT  POSITION      가장 빠른 작수일
                                                                                      UPDATE  DATE : 14/09/05

자원코드 : LABR  보통인부 (LABOURS)
------------------------------------------------------------------------------------------------------------
                                            SCALE : EACH ( * )  REPRESENTS   5  RESOURCE  UNITS
  기간      이용      필요량
            가능량                      5       10       15       20       25       30       35       40       45       50
------------------------------------------------------------------------------------------------------------
14/09/03     0      2.0   I  ****                         A
14/09/04    14      3.0   I  ******                       A
14/09/05    14       .0   I                               A
14/09/06    14      1.0   I  **                           A
14/09/07    14     11.0   I  **********************       A
14/09/08                  I
14/09/09    14     12.0   I  ************************     A
14/09/10    14     11.0   I  **********************       A
14/09/11    14     10.0   I  ********************         A
14/09/12    14      4.0   I  *******                      A
14/09/13    14     14.0   I  ****************************A
14/09/14    14     15.0   I  *****************************A**
14/09/15                  I
14/09/16    14     14.0   I  ****************************A
14/09/17    14     13.0   I  **************************   A
14/09/18    31     25.0   I  ************************************************** A
14/09/19    31     25.0   I  ************************************************** A
14/09/20    31     25.0   I  ************************************************** A
14/09/21    31     12.0   I  ******************************
14/09/22                  I
14/09/23    31      5.0   I  **********
14/09/24    31      6.0   I  ************
14/09/25    31      5.0   I  **********
14/09/26    31     14.0   I  **************************
14/09/27    31     13.0   I  ******************************
14/09/28                  I
14/09/29                  I
14/09/30                  I
14/10/01                  I
14/10/02                  I
14/10/03                  I
14/10/04    31     10.0   I  ********************        A
------------------------------------------------------------------------------------------------------------
```

(15) Resource Usage Report

RESOURCE USAGE REPORT

PROMATE SYSTEM Version 1.0

NETWORK NETA 고속도로공사
SUBNET HWAY 교량공사
SORT OPTION 가장 빠른 착수일
REMARK DUMMY ACTIVITY 포함

자원코드 : LABR 보통인부 (LABOURS) 기간 : 14/09/01부터 14/09/30까지

작 업	코 드	작 업 내 용	일일 사용량	사용량 합계	공 기	DELAY	RES. DUR.	가장 빠른 착수일	가장 빠른 완료일
A-001	A-170	P.C 빔 제작	8.0	8.0	29	28	1	14/09/02	14/10/12
A-005	A-010	기초 거푸집 제작	2.0	4.0	2	0	2	14/09/03	14/09/04
A-010	A-055	교대 거푸집 제작	1.0	1.0	3	0	1	14/09/04	14/09/07
A-015	A-020	기초 철근 가공	1.0	1.0	2	0	1	14/09/07	14/09/09
A-025	A-030	1교대 굴착	10.0	40.0	5	0	4	14/09/07	14/09/12
A-055	A-130	기타 거푸집 제작	2.0	2.0	1	0	1	14/09/09	14/09/09
A-020	A-060	1교대 철근 가공	1.0	1.0	2	0	1	14/09/10	14/09/11
A-130	A-180	노면 거푸집 제작	1.0	4.0	7	3	4	14/09/10	14/09/17
A-060	A-095	2교대 철근 가공	1.0	1.0	2	0	1	14/09/12	14/09/13
A-035	A-040	1교대 기초 말뚝	3.0	3.0	1	0	1	14/09/13	14/09/13
A-030	A-050	2교대 굴착	10.0	40.0	7	0	4	14/09/13	14/09/20
A-040	A-045	버림 콘크리트 타설 양생	3.0	3.0	1	0	1	14/09/14	14/09/14
A-095	A-135	기타 철근 가공	1.0	2.0	2	0	2	14/09/14	14/09/16
A-045	A-065	1교대 기초 거푸집 철근	2.0	2.0	2	0	1	14/09/16	14/09/17
A-135	A-190	노면 철근 가공	1.0	1.0	5	0	1	14/09/17	14/09/21
A-065	A-070	1교대 기초 콘크리트 타설 양생	10.0	30.0	4	0	3	14/09/18	14/09/21
A-050	A-085	2교대 기초 말뚝	3.0	3.0	1	0	1	14/09/21	14/09/21
A-070	A-075	기초 거푸집 철거	2.0	2.0	1	0	1	14/09/23	14/09/23
A-085	A-090	2교대 버림 콘크리트 타설 양생	3.0	3.0	1	0	1	14/09/24	14/09/23
A-090	A-115	2교대 기초 거푸집 철근 조립	2.0	2.0	2	0	1	14/09/24	14/09/25
A-085	A-100	1교대 거푸집 철근	4.0	12.0	5	0	3	14/09/24	14/10/04
A-115	A-120	2교대 기초 콘크리트 타설 양생	10.0	30.0	4	0	3	14/09/26	14/10/05
		* SUB-TOTAL *		195.0	89		39		
		* TOTAL *		195.0	89		39		
		* AVERAGE *	5.00						

(16) Schedule Report

SCHEDULE REPORT

PROMATE SYSTEM Version 1.0

NETWORK NETA 고속도로공사
SUBNET HWAY 교량공사
SORT OPTION 가장 빠른 착수일
REMARK DUMMY ACTIVITY 포함

RUN DATE : 14/09/10
UPDATE DATE : 14/09/05

작업코드		작업내용	공기	진척상황	가장 빠른 착수일	가장 빠른 완료일	가장 늦은 착수일	가장 늦은 완료일	총여유 일수	자유여유 일수	특기사항
A-001	A-005	거푸집 반입	2	C	14/09/02	14/09/03	14/09/02	14/09/03	0	0	
A-001	A-025	현장 준비	5	P	14/09/02	14/09/06	14/09/02	14/09/06	0	0	
A-001	A-170	P.C 빔 제작	30	P	14/09/02	14/10/12	14/09/02	14/11/08	22	22	
A-005	A-010	기초 거푸집 제작	2	C	14/09/03	14/09/04	14/09/03	14/09/04	0	0	
A-001	A-035	말뚝 반입	3	P	14/09/03	14/09/05	14/09/03	14/09/12	6	6	
A-001	A-015	철근 반입	4	P	14/09/03	14/09/06	14/09/03	14/09/12	5	0	
A-010	A-055	교대 거푸집 제작	4	P	14/09/04	14/09/07	14/09/04	14/09/23	13	0	
A-010	A-045	DUMMY	0		14/09/05	14/09/05	14/09/16	14/09/16	9	9	
A-015	A-020	기초 철근 가공	2		14/09/07	14/09/09	14/09/13	14/09/14	5	0	
A-025	A-030	1교대 굴착	5		14/09/07	14/09/12	14/09/07	14/09/12	0	0	
A-055	A-080	DUMMY	0		14/09/09	14/09/09	14/09/24	14/09/24	13	13	
A-055	A-130	기타 거푸집 제작	1		14/09/09	14/09/09	14/11/09	14/11/09	46	0	
A-020	A-045	DUMMY	0		14/09/10	14/09/10	14/09/16	14/09/16	5	5	
A-130	A-215	DUMMY	0		14/09/10	14/09/10	14/12/02	14/12/02	64	29	
A-020	A-060	1교대 철근 가공	2		14/09/10	14/09/11	14/09/21	14/09/23	10	0	
A-130	A-180	노면 거푸집 제작	7		14/09/10	14/09/17	14/11/11	14/11/18	46	46	
A-060	A-080	DUMMY	0		14/09/12	14/09/12	14/09/24	14/09/24	10	10	
A-060	A-095	2교대 철근 가공	2		14/09/12	14/09/13	14/10/15	14/10/16	22	0	
A-030	A-035	DUMMY	0		14/09/13	14/09/13	14/09/13	14/09/13	0	0	
A-035	A-040	1교대 기초 말뚝	1		14/09/13	14/09/13	14/09/13	14/09/13	0	0	
A-030	A-050	2교대 굴착	7		14/09/13	14/09/20	14/09/21	14/10/04	7	0	
A-040	A-045	버림 콘크리트 타설 양생	1		14/09/14	14/09/14	14/09/14	14/09/14	0	0	
A-040	A-050	DUMMY	0		14/09/14	14/09/14	14/10/05	14/10/05	13	6	
A-095	A-125	DUMMY	0		14/09/14	14/09/14	14/10/17	14/10/17	22	22	
A-095	A-135	기타 철근 가공	2		14/09/14	14/09/16	14/11/15	14/11/16	46	0	
A-045	A-065	1교대 기초 거푸집 철근	2		14/09/16	14/09/17	14/09/16	14/09/17	0	0	
A-135	A-215	DUMMY	0		14/09/17	14/09/17	14/12/02	14/12/02	58	23	
A-135	A-190	노면 철근 가공	5		14/09/17	14/09/21	14/11/18	14/11/22	46	46	
A-065	A-070	1교대 기초 콘크리트 타설 양생	4		14/09/18	14/09/21	14/09/18	14/09/21	0	0	
A-050	A-085	2교대 기초 말뚝	1		14/09/21	14/09/21	14/10/05	14/10/05	7	0	
A-070	A-075	기초 거푸집 철거	1		14/09/23	14/09/23	14/09/23	14/09/23	0	0	
A-085	A-090	2교대 버림 콘크리트 타설 양생	1		14/09/23	14/09/23	14/10/07	14/10/07	7	0	
A-075	A-080	DUMMY	0		14/09/24	14/09/24	14/09/24	14/09/24	0	0	

****** SCHEDULE REPORT ******

공 사 명 PUSAN HYATT
현재 기준일 14/11/20
SORTED BY 공종 ,ES , ,

FROM : 14/09/12
UNTIL : 15/03/08

대공종 분류 건축 공사

작업 코드		작 업 명	소요공기 예상	현재	잔여	진척 상황	<---가장 착수일	빠른---> 종료일	<----가장 착수일	늦은----> 종료일	총 여유	자유 여유	계획 착수일	비 고
철골공사														
0430	0431	PREPARATION OF RAW M'TL	5	5	0	C	14/09/12	14/09/16	14/09/12	14/09/16	0	0	/09/12	
0431	0433	PREP. OF ANCHOR PLAN	10	13	0	C	14/09/15	14/09/27	14/09/15	14/09/27	0	0	/09/17	
0431	0444	PROCUREMENT OF RAW M'TL(POSCO)	52	51	0	C	14/09/16	14/11/05	14/09/16	14/11/05	0	0	/09/17	
0431	0432	1st. PREPARATION : SHOP DWG.	10	8	0	C	14/09/18	14/09/25	14/09/18	14/09/25	0	0	/09/17	
0432	0436	2nd PREP. : SHOP DWG.	11	49	0	C	14/09/20	14/11/07	14/09/20	14/11/07	0	0	/09/27	
0433	0434	APPROVAL OF ANCHOR BOLT	4	5	0	C	14/09/25	14/09/29	14/09/25	14/09/29	0	0	/09/27	
0432	0435	APPROVAL OF 1st SHOP DWG.	7	7	0	C	14/09/27	14/10/03	14/09/27	14/10/03	0	0	/09/27	
0434	0439	FABRICATION OF ANCHOR BOLT	15	15	0	C	14/10/01	14/10/15	14/10/01	14/10/15	0	3	/10/01	
0436	0439	3rd PREPARATION : SHOP DWG.	11	11	0	C	14/10/08	14/10/18	14/10/08	14/10/18	0	0	/10/08	
0436	0438	FULL SIAE DWG. BY 1st SHOP DWG.	9	9	0	C	14/10/08	14/10/16	14/10/08	14/10/16	0	0	/10/08	
0436	0437	APPROVAL OF 2nd SHOP DWG.	7	13	0	C	14/10/08	14/10/20	14/10/08	14/10/20	0	0	/10/08	
0439	0443	FULL SIZE DWG. BY 2nd SHOP DWG.	10	11	0	C	14/10/19	14/10/29	14/10/19	14/10/29	0	0	/10/19	
0439	0442	APPROVAL OF 3rd SHOP DWG.	7	8	0	C	14/10/19	14/10/26	14/10/19	14/10/26	0	0	/10/19	
0439	0440	ANCHOR BOLT TESTTING	3	4	0	C	14/10/18	14/10/21	14/10/18	14/10/21	0	0	/10/19	
0440	0441	ANCHOR BOLT: JOB SIZE DELIV.	3	3	0	C	14/10/22	14/10/24	14/10/22	14/10/24	0	0	/10/22	
0441	0444	H.T BOLT : ANCHORING	10	11	0	C	14/10/25	14/11/04	14/10/25	14/11/04	0	4	/10/25	
0443	0444	FULL SIZE DWG. BY 3rd SHOP DWG.	10	14	0	C	14/10/25	14/11/07	14/10/25	14/11/07	0	0	/10/29	
0444	0445	SHOP DELIVERY OF RAW M'TL	4	4	0	C	14/11/08	14/11/11	14/11/08	14/11/11	0	0	/11/08	
0444	0446	PREP FOR T/C INSTALLATION	10	10	0	C	14/11/08	14/11/17	14/11/08	14/11/17	0	0	/11/08	
0445	0448	1st CLASS : FABRICATION	13	13	4	P	14/11/21	14/11/24	14/11/21	14/11/24	0	0	/11/21	AS 14/11/12

****** SCHEDULE REPORT ******

공 사 명 PUSAN HYATT
현재 기준일 14/11/20
SORTED BY 공종 ,ES , ,

FROM : 14/09/15
UNTIL : 15/03/08

대공종 분류 건축 공사

작업코드		작 업 명	소요공기 예상	소요공기 현재	소요공기 잔여	진척 상황	<---가장 빠른---> 착수일	<---가장 빠른---> 종료일	<----가장 늦은----> 착수일	<----가장 늦은----> 종료일	총 여유	자유 여유	계획 착수일	비 고
철골공사														
0446	0448	TOWER CRANE INSTALLATION	7	7	4	P	14/11/21	14/11/24	14/11/21	14/11/24	0	0	14/11/21	AS 14/11/18
0445	0447	SHOP BLASTING,PAINTING/INSPECTIO	10	10	2	P	14/11/21	14/11/22	14/11/23	14/11/24	2	0	14/11/21	AS 14/11/13
0448	0456	2nd CLASS : FABRICATION	20	20	18	P	14/11/25	14/12/12	14/11/27	14/12/14	2	0	14/11/25	AS 14/11/19
0448	045C	JOB SIZE DELIVERY	4	4	2	P	14/11/25	14/11/26	14/11/25	14/11/26	0	0	14/11/25	AS 14/11/19
0450	0460	1st CLASS ERECTION:MEZZ.1.2.3FL	22	---	22		14/11/27	14/12/18	14/11/27	14/12/18	0	0	14/11/27	C.P.
0450	0453	2nd.3rd CLASS:SHOP BLASTING	12	---	12		14/11/27	14/12/08	14/12/05	14/12/16	8	0	14/11/27	
0453	0460	FIELD INSPECTION	2	---	2		14/12/09	14/12/10	14/12/17	14/12/18	8	8	14/12/09	
0456	0478	3.4TH CLASS: FABRICATION	22	---	22		14/12/13	15/01/03	14/12/21	15/01/11	8	0	14/12/13	
0456	0460	JOB SIZE DELIVERY	4	---	4		14/12/13	14/12/16	14/12/15	14/12/18	2	2	14/12/13	
0460	0470	2ND CLASS ERECTION:4.5.6FL	14	---	14		14/12/19	15/01/01	14/12/19	15/01/01	0	0	14/12/19	C.P.
0460	0475	4.5TH CLASS:SHOP BLASTING	16	---	16		14/12/19	15/01/03	14/12/27	15/01/11	8	0	14/12/19	
0470	0480	3RD CLASS ERECTION:7.8.9 FL	14	---	14		15/01/02	15/01/15	15/01/02	15/01/15	0	0	15/01/02	C.P.
0478	0480	JOB SIZE DELIVERY	4	---	4		15/01/04	15/01/07	15/01/12	15/01/15	8	8	15/01/04	
0478	0488	5TH CLASS : FABRICATION	18	---	18		15/01/04	15/01/21	15/01/22	15/02/08	18	0	15/01/04	
0475	0480	FIELD INSPECTION	4	---	4		15/01/04	15/01/07	15/01/12	15/01/15	8	8	15/01/04	
0480	0483	4TH CLASS ERECTION:10.11.12 FL	14	---	14		15/01/16	15/01/29	15/01/16	15/01/29	0	0	15/01/16	C.P.
0480	0485	LAST CLASS:SHOP BLASTING.PAINT	16	---	16		15/01/16	15/01/31	15/01/24	15/02/08	8	0	15/01/16	
0488	0510	JOB SIZE DELIVERY	4	---	4		15/01/22	15/01/25	15/02/09	15/02/12	18	18	15/01/22	
0483	0510	5TH CLASS ERECTION:13.14.15FL	14	---	14		15/01/30	15/02/12	15/01/30	15/02/12	0	0	15/01/30	C.P.
0485	0510	FIELD INSPECTION	4	---	4		15/02/01	15/02/04	15/02/09	15/02/12	8	8	15/02/01	

***** SCHEDULE REPORT *****

공 사 명 PUSAN HYATT
현재 기준일 14/11/20
SORTED BY 공종 ,ES ,

FROM : 14/09/12
UNTIL : 15/03/08

대공종 분류 건축 공사

작업 코드		작 업 명	소요공기 예상	소요공기 현재	소요공기 잔여	진척 상황	<---가장 빠른---> 착수일	<---가장 빠른---> 종료일	<----가장 늦은----> 착수일	<----가장 늦은----> 종료일	총 여유	자유 여유	계획 착수일	비 고
철골공사														
0510	0513	LAST CLASS ERECTION:16FL,ENT	14	---	14		15/02/13	15/02/26	15/02/13	15/02/26	0	0	15/02/13	C.P.
0513	0515	TOUCH-UP PAINTING	4	---	4		15/02/27	15/03/02	15/03/05	15/03/08	6	0	15/02/27	
0513	0560	ARRANGEMENT	10	---	10		15/02/27	15/03/08	15/02/27	15/03/08	0	0	15/02/27	C.P.

***** SCHEDULE BAR GRAPH *****

공 사 명 PUSAN HYATT
현재 기준일 14/11/20
SYMBOL UNIT :1 DAY
SORTED BY 공종 ,ES , ,

대공종 분류 건축 공사

FROM : 14/11/01
UNTIL : 15/01/10

C:CRITICAL X:PLANNED A:ACTUAL R:REMAINING
=:TOTAL FLOAT F:FREE FLOAT T:TIMENOW

작업 코드		작업명	소요공기 예상	현재	잔여	NOV01 NOV08 NOV15 NOV22 NOV29 DEC06 DEC13 DEC20 DEC27 JAN03 FSSMTWTFSSMTWTFSSMTWTFSSMTWTFSSMTWTFSSMTWTFSSMTWTFSSMTWTFSSMTWTFSSMTWTF
철골공사						
0431	0444	PROCUREMENT OF RAW M'TL(POSCO)	52	51	0	AAAAA T
0432	0436	2nd PREP. : SHOP DWG.	11	49	0	AAAAAAA T
0441	0444	H.T BOLT : ANCHORING	10	11	0	AAAA T
0443	0444	FULL SIZE DWG. BY 3rd SHOP DWG.	10	14	0	AAAAAAA T
0444	0445	SHOP DELIVERY OF RAW M'TL	4	4	0	AAAA T
0444	0446	PREP. FOR T/C INSTALLATION	10	10	0	AAAAAAAAAA T
0445	0448	1st CLASS : FABRICATION	13	13	4	AAAAAAAATCCCC
0446	0448	TOWER CRANE INSTALLATION	7	7	4	AATCCCC
0445	0447	SHOP BLASTING,PAINTING/INSPECTIO	10	10	2	AAAAAAATRR==
0448	0456	2nd CLASS : FABRICATION	20	20	18	AT RRRRRRRRRRRRRRRRRR==
0448	0450	JOB SIZE DELIVERY	4	4	2	AT CC
0450	0460	1st CLASS ERECTION:MEZZ,1,2,3FL	22	---	22	T CCCCCCCCCCCCCCCCCCCCCC
0450	0453	2nd,3rd CLASS:SHOP BLASTING	12	---	12	T XXXXXXXXXXXX========
0453	0460	FIELD INSPECTION	2	---	2	T XX=======F
0456	0478	3,4TH CLASS: FABRICATION	22	---	22	T XXXXXXXXXXXXXXXXXXXXXX=======
0456	0460	JOB SIZE DELIVERY	4	---	4	T XXXX=F
0460	0470	2ND CLASS ERECTION:4,5,6FL	14	---	14	T CCCCCCCCCCCCCC
0460	0475	4,5TH CLASS:SHOP BLASTING	16	---	16	T XXXXXXXXXXXXXXXX=======
0470	0480	3RD CLASS ERECTION:7,8,9 FL	14	---	14	T CCCCCCCCC
0478	0480	JOB SIZE DELIVERY	4	---	4	T XXXX===

******** SCHEDULE BAR GRAPH ********

공 사 명 PUSAN HYATT
현재 기준일 14/11/20
SYMBOL UNIT :1 DAY
SORTED BY 공종 ,ES ,

FROM : 14/11/01
UNTIL : 15/01/10

대공종 분류 건축 공사

C:CRITICAL X:PLANNED A:ACTUAL R:REMAINING
=:TOTAL FLOAT F:FREE FLOAT T:TIMENOW

작업 코드	작업명	소요공기 예상	현재	잔여	NOV01 NOV08 NOV15 NOV22 NOV29 DEC06 DEC13 DEC20 DEC27 JAN03 FSSMTWTFSSMTWTFSSMTWTFSSMTWTFSSMTWTFSSMTWTFSSMTWTFSSMTWTFSSMTWTFSSMTWTF
철골공사					
0478 0488	5TH CLASS : FABRICATION	18	---	18	T XXXXXXX
0475 0480	FIELD INSPECTION	4	---	4	T XXXX===

C. P. M. NETWORK SCHEDULE FOR STRUCTURE STEEL WORK

PROJECT : HYATT REGENCY PUSAN

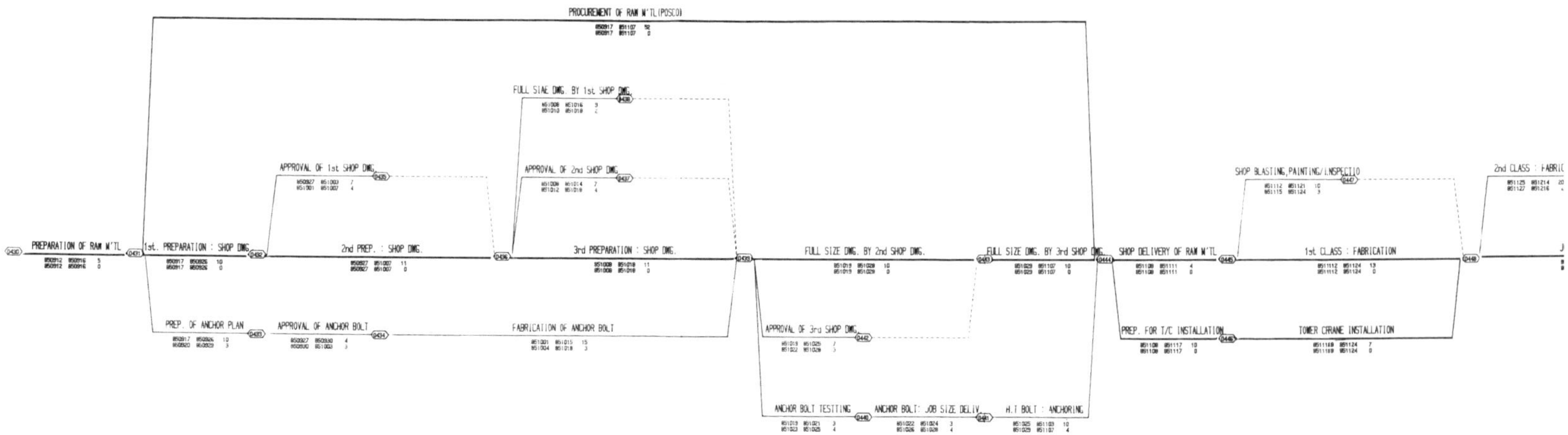

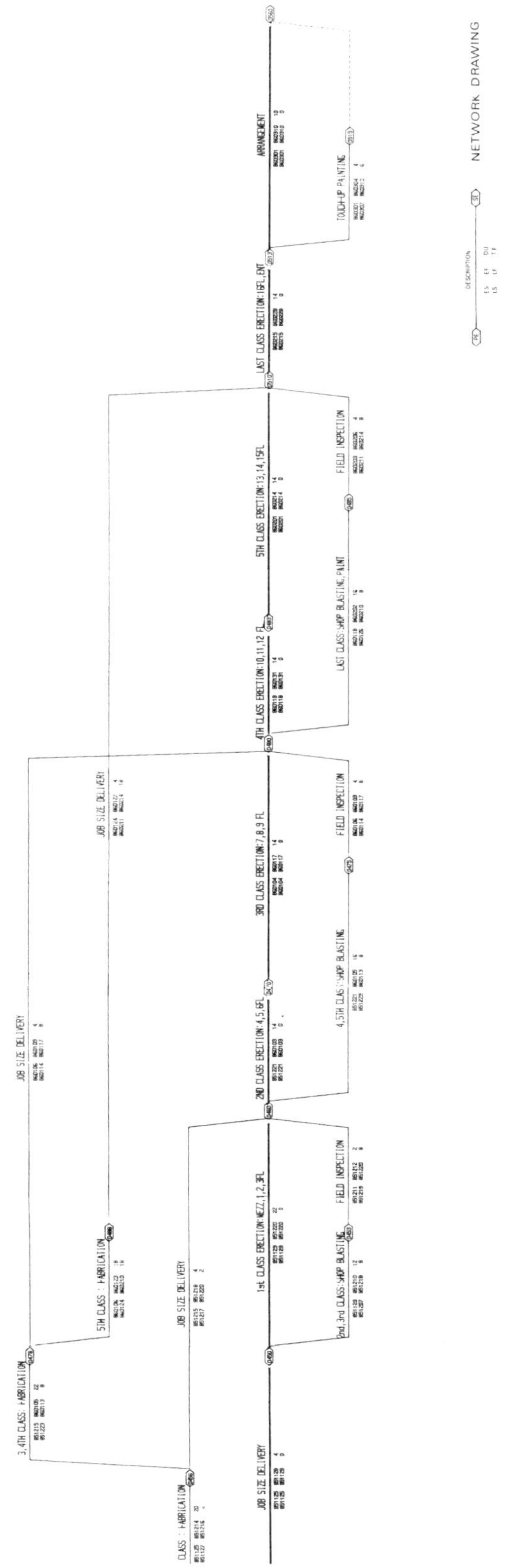

NETWORK DRAWING

번호	ACTIVITY CODE		작 업 명	예상 공기	현재 공기
1	0430	0431	*PREPARATION OF RAW M'TL	5	5
2	0431	0432	*1st. PREPARATION : SHOP DWG.	10	10
3	0431	0433	PREP. OF ANCHOR PLAN	10	10
4	0431	0444	*PROCUREMENT OF RAW M'TL(POSCO)	52	52
5	0432	0435	APPROVAL OF 1st SHOP DWG.	7	7
6	0432	0436	*2nd PREP. : SHOP DWG.	11	11
7	0433	0434	APPROVAL OF ANCHOR BOLT	4	4
8	0434	0439	FABRICATION OF ANCHOR BOLT	15	15
9	0436	0437	APPROVAL OF 2nd SHOP DWG.	7	7
10	0436	0438	FULL SIAE DWG. BY 1st SHOP DWG.	9	9
11	0436	0439	*3rd PREPARATION : SHOP DWG.	11	11
12	0439	0440	ANCHOR BOLT TESTTING	3	3
13	0439	0442	APPROVAL OF 3rd SHOP DWG.	7	7
14	0439	0443	*FULL SIZE DWG. BY 2nd SHOP DWG.	10	10
15	0440	0441	ANCHOR BOLT: JOB SIZE DELIV.	3	3
16	0441	0444	H.T BOLT : ANCHORING	10	10
17	0443	0444	*FULL SIZE DWG. BY 3rd SHOP DWG.	10	10
18	0444	0445	*SHOP DELIVERY OF RAW M'TL	4	4
19	0444	0446	*PREP. FOR T/C INSTALLATION	10	10
20	0445	0447	SHOP BLASTING,PAINTING/INSPECTIO	10	10
21	0445	0448	*1st CLASS : FABRICATION	13	13
22	0446	0448	*TOWER CRANE INSTALLATION	7	7
23	0448	0450	*JOB SIZE DELIVERY	4	4
24	0448	0456	2nd CLASS : FABRICATION	20	20
25	0450	0453	2nd,3rd CLASS:SHOP BLASTING	12	12
26	0450	0460	*1st CLASS ERECTION:MEZZ,1,2,3FL	22	22
27	0453	0460	FIELD INSPECTION	2	2
28	0456	0460	JOB SIZE DELIVERY	4	4
29	0456	0478	3,4TH CLASS: FABRICATION	22	22
30	0460	0470	*2ND CLASS ERECTION:4,5,6FL	14	14
31	0460	0475	4,5TH CLASS:SHOP BLASTING	16	16
32	0470	0480	*3RD CLASS ERECTION:7,8,9 FL	14	14
33	0475	0480	FIELD INSPECTION	4	4
34	0478	0480	JOB SIZE DELIVERY	4	4
35	0478	0488	5TH CLASS : FABRICATION	18	18
36	0480	0483	*4TH CLASS ERECTION:10,11,12 FL	14	14
37	0480	0485	LAST CLASS:SHOP BLASTING,PAINT	16	16
38	0488	0510	JOB SIZE DELIVERY	4	4
39	0483	0510	*5TH CLASS ERECTION:13,14,15FL	14	14
40	0485	0510	FIELD INSPECTION	4	4

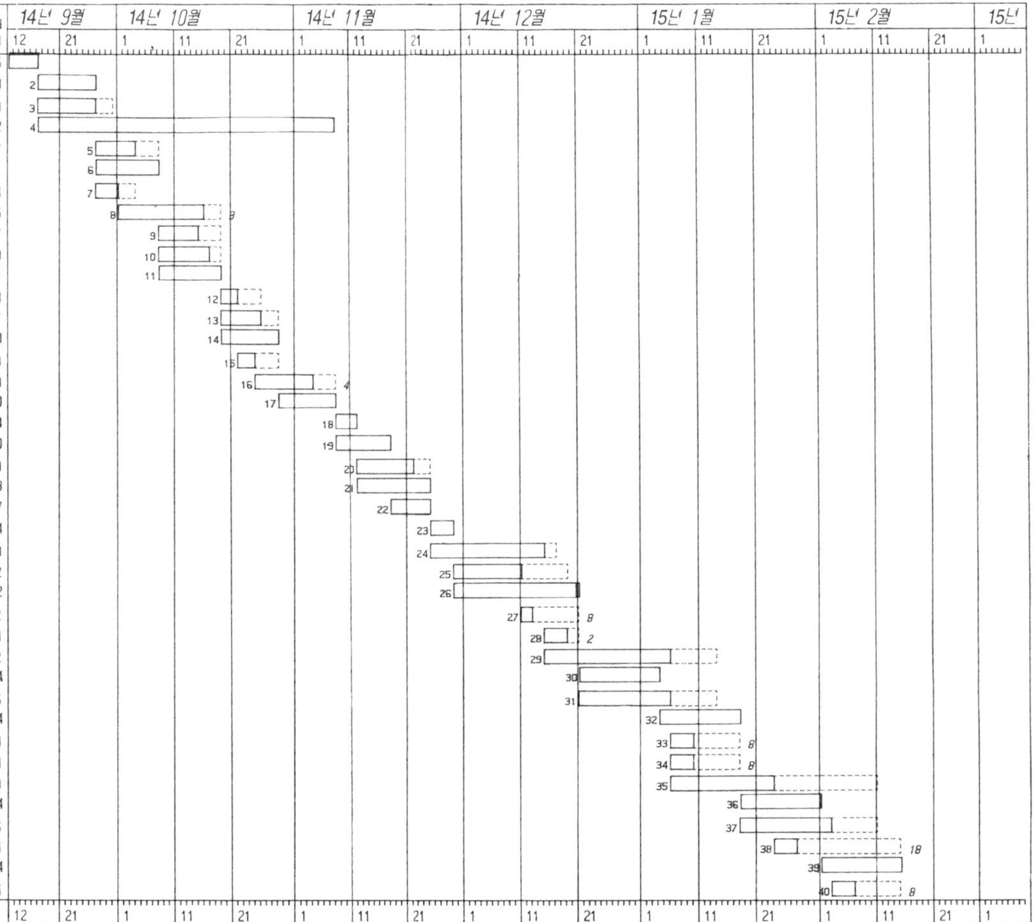

* CRITICAL
10 FREE FLOAT
ACTUAL
현재 기준일
PLANNING
TOTAL FLOAT

공 사 명 :
SORTED BY : ES AC
FROM : 09-12-2014 TO : 03-10-2015

작 성 일 : 11-29-2014 , 19:57:50
FILE :
PAGE : 1 (계속)

BAR CHART DRAWING

부록

논문: CPM에 의한 공정관리 활용방안에 관한 연구

1 서 론

1-1 CPM의 국내 도입과 현실정

CPM에 의한 공정관리의 시도는 '70년대 중반에 처음으로 국내에 도입되었다고 할 수 있다. 이 당시에 중동지역에서는 건설붐이 일어났고, 따라서 국내건설업체가 중동지역으로 진출하면서 발주자측의 요구사항으로 계약서 조항 중에 CPM기법으로 공사관리를 진행하도록 함으로써 중동에 진출한 국내건설업체는 이 CPM기법으로 공사관리를 하지 않으면 안되게 되었고, 따라서 해외건설에 기대가 큰 건설업체는 반드시 관심을 가져야만 하였고, 80년도 초반에 정부에서도 정부관련 공사의 현장관리에 이 기법을 의무적으로 적용하도록 규정하였고, 계약서류에 의무규정으로 삽입하는 단계에 이르렀다.

이러한 상황에서 해외건설 부분은 공정관리에 관한 요구 조건이 매우 엄격하기 때문에 CPM기법으로 공정관리를 잘 이행하여 왔으나, 국내건설 현장에서는 공사계약 당시의 의무행위로서 절차상 제출용 CPM 스케줄을 제출하고 난 이후부터 공사 완공 시까지 지속적인 공정관리를 이행하지 않거나, 능력 부족으로 이행하지 못함으로써 이 CPM기법에 대한 불평이 팽배하게 되었다. 더구나 소규모 건설업체에서 CPM기법으로 공사의 공정관리를 하자면 경영상 이를 감당할 수 없는 부분이 있음도 사실이다. 따라서 국내 건설업체나 기술자들은 이전에 사용했던 Bar chart식 공정표보다 CPM기법은 작성 및 이해, 그리고 관리하기 불편하고 운영하기도 더욱 어려웠기 때문에 기존 관리방법(바차트)으로 하자는 의견이 분분한 것이 현실정이었다. CPM기법이 도입된 지 40년이 지난 오늘에도 그 활용도는 답보 상태에 있다고 하겠다.

1-2 문제 제기

특히, 현장기술 분야의 관리자들은 해당 프로젝트 공정관리의 중요성 내지는 정확한 의미를 파악하지 못하고 있거나 관리방법의 핵심적 키 · 포인트를 잘 모르고 있다고 하는 것이 적절한 표현이라고 할 수 있다. 또한, 공정표 작성 과정과 작성자, 그리고 프로젝트 관리자에 대한 문제점도 있다. 즉 해당 프로젝트의 최초 기본 공정표 작성 이후 스케줄 변화과정을 수시로 컴퓨터를 활용함으로써 재수정 스케줄(update schedule)을 간편하고 빠른 시간 안에 수정관리할 수 있다고 생각하는 그 자체가 처음부터 잘못된 것으로서 공사가 끝날 무렵까지도 지속적이고 반복적으로 schedule updating을 하게 되는 근본 요인이 되는 것이다.

이러한 원인 중 하나는 다년간 건설 프로젝트의 현장 실무 경험이 풍부한 기술자일수록 현장조직체계상에서 상위직책에 있으면서 경험이 부족한 하위직책의 해당 부서 직원에게 공정관리 업무를 하도록 임무를 부여하기 때문에 결과적으로는 공정표 작성이 미숙하게 되며, 따라서 체계적으로 관리될 수 없을 뿐만 아니라 요식적 행정과 행위 수준을 벗어나지 못하게 된다. 그러므로 프로젝트의 전체적인 흐름을 파악하고 있는 경험이 풍부한 기술자가 이를 담당하여야 한다.

더욱 이 분야가 낙후되고 발전되지 못하는 중요한 요인은 공정관리 분야의 교육내용과 수준에 있다고 볼 수 있다. 현실정의 교육으로는 실무 차원에서 보면 전혀 도움이 된다거나 적응 · 대처할 수 없는 수준으로 사회에 배출되고 있다는 사실이다. 예를 들면, 대학에서 이 분야에 대한 교과목 설정 없이, 시공학이라는 교과목에서 한 장(章) 정도에 걸쳐 이 분야의 내용을 소개한 수준에 그쳤다고 할 수 있으며, 이를 교육하고 있는 대부분의 교육자는 실무 경험이 거의 없고 강의내용면에 있어서도 단순한 구성의 화살표 액티비티 20여 개 미만의 모의 CPM 네트워크 공정표 정도를 가지고 최장공정(CP, 주공정) 찾기, 공기단축, 간단한 자원관리 이론 등의 몇 가지 강의로는 실무에 적응하기가 매우 어렵다.

본 논문에서는 공사관리 시에 CPM 네트워크 공정표로서 공정관리를 수행한 현장요원들과 함께 문제점에 대한 설문과 실태조사를 통하여 분석하고 CPM에 의한 공정관리 활성화 방안을 제안하고자 한다.

2 공정관리에 대한 현장실태

2-1 실태파악 및 설문조사

공정관리 운영에 대한 실태와 현장실무자들의 의견에 대하여 크게 2가지 면에 중점을 두고 실태를 파악하고 설문조사를 하였다.

첫째로, 현장시공 시 CPM에 의한 공정관리 활용현황과 필요성, 그리고 관리수단과 방법에 대한 실태조사, 둘째로, 현장 실무자들이 CPM에 의한 공정관리의 필요성과 인식도, 이해도, 적응도 등의 의견을 수렴하여 분석하도록 한다.

2-2 공정관리 이해도

표 1 CPM에 의한 공정관리 이해도

공정관리기법	이해도(%)
1. 전혀 이해하지 못한다.(관심도 없다)	0.8
2. 이해하기 어렵다.	12.5
3. 조금 이해하고 있다.	58.2
4. 잘 이해하고 있다.	28.5
계	100.0

건설현장에서 CPM기법으로 공정관리를 하고 있는 현장실무자들의 70% 이상이 이 기법을 아직도 이해하지 못하고 있는 실정이며, 전혀 관심도 없는 실무자도 10%에 가까웠다. 그리고 잘 이해한다라고 대답한 실무자는 28.5%나 되었으나 이들의 이해 수준 또한 일정관리 정도는 이해하고 있었으나 진도관리, 공기단축기법과 관리, 기성관리, 그리고 자원관리 등의 관리를 하는 수준에는 이르지 못하고 있는 실정이다. 그러나 CPM에 의한 공정관리를 하는 것이 바람직하다고 알고 있으며, 체계적으로 배웠으면 하는 관심도도 높은 것으로 조사되었다.

2-3 공정관리 필요성

표 2 공정관리의 필요성에 대한 관심도

공정관리 필요성	관심도(%)
1. 꼭 필요하다.	72.6
2. 조금은 필요하다.	24.4
3. 필요하지 않다.	3.0
계	100.0

현장 실무자 거의 모두(97%)가 어떠한 종류의 공정표라도 공정계획을 수립하여 공정관리를 해야만 한다고 하는 필요성에 대한 이해도는 매우 높았다. 그러나 계획 공정표가 수시로 바뀌고 변경되어 공정표가 계속적으로 달라지는데 무엇 때문에 공정관리를 해야 하느냐 오히려 경험도에 따라 관리해 가는 것이 편하다라고 주장하는 사람도 3.0%나 되었다.

현장에서 일반적으로 필요로 하는 공정관리 분야는 일정관리라고 알고 있으며, 다음은 공종 순서체계의 중요성, 그리고 자재 및 장비 반입시기 결정, 기성관리 등의 순서로 필요성을 느끼고 있다.

2-4 공정관리의 비현실성 이유

표 3 CPM에 의한 공정관리의 비현실성 이유

CPM 공정관리의 비현실성 사유	응답률(%)
1. CPM에 의한 공정관리에 대한 이해 부족(CPM을 전혀 모른다. 포함)	13.3
2. 작성된 CPM 공정표의 공정순서와 현장의 시공내용과 차이가 많다.	28.8
3. 부적합한 세부 공종이 공정표상에서 타공종과의 구성내용과 공기배분 등이 비합리적이다.	21.6
4. CPM으로 반드시 공정관리할 필요성은 없다.	5.9
5. Bar Chart로 공정관리하기가 더욱 편리하다.	17.7
6. Premavera로 공정관리하는 것이 Bar Chart 기법과 유사하므로 바람직하다.	5.4
7. 공정관리를 하자면 Premavera 보다 역시 CPM이다.(기타포함)	7.3
계	100.0

공정관리에 대한 비관적 내용이나 이유를 표 3의 설문내용으로 함축하였지만 현장 기술자들의 응답태도를 보고 느낀 점으로는, 실제 공정관리에 대한 관심도가 낮은 것으로 간주된다. 표 3에서와 같이 비현실적인 이유로는 첫째, 작성된 CPM 네트워크 공정표의 공정순서가 현장의 시공내용과 차이가 많다는 것이다. 이는 곧 공정표가 공사진행 내용과 다르다는 말인데, 그 원인을 분석해 보면 공정계획자가 해당 프로젝트에 대한 계약서 내용과 설계도서 등을 완전히 숙지 · 분석 · 검토의 단계를 거치지 않고 공정표를 작성하였기 때문이라고 생각되며, 둘째로, 부적합한 세부 공종이 있을 뿐만 아니라 타 공종과의 연결체계에도 문제가 있고 주어진 공기가 잘 맞지 않는다는 비관적 표현을 하고 있다.

이 원인 또한 CPM 네트워크 구성과정과 내용이 공정관리상 지장을 초래하지 않으면 공정관리 실무담당자의 개념으로는 순식간에 컴퓨터에 의하여 수정 보완(Schedule updating)하면 되지 않느냐 하는 안일한 처신 때문에 처음부터 비현실성 스케줄이 작성된다는 것이 전체의 50%나 되고, Bar Chart식의 공정관리가 오히려 편하고 관리하기 좋다고 응답하는 사람이 아직도 17.7%나 되며 공정관리에 관심조차 없는 기술자도 13.3%나 된다는 것은 네트워크식 공정표를 공정관리하기에는 아직도 30%나 되는 기술자들이 관심조차 없다는 것이다.

2-5 공정관리의 비활성화 요인

1. 제도적 뒷받침이 부족하다.
   ① 강제 집행력, 법적 규제력이 없다.
   ② 공정관리제도 적용을 유도하는 별도의 예산을 청구할 수 있는 근거나 인센티브제도가 없다.

2. 필요성을 느끼지 못한다.

① 공정관리 업무는 가중업무로 생각한다.

② Bar Chart에 의한 관리에 익숙해져 있다.

③ 과거경험에서 얻은 데이터가 보편화되기 어렵다.

④ 관리결과에 대한 평가방법이 확립되지 않아 그 효과를 얻기 어렵다.

3. 최초 공정표 작성 시 스케줄 작성 준비 과정 및 내용을 스케줄 작성자도 잘 파악하지 못하고 있는 경우로서 다음의 내용을 숙지하지 않는 경우나 미숙한 경우이다.

① Mobilization 계획을 하지 않거나 계획 미숙이 원인이 된다.

② 계약도서를 검토하고 숙지하지 않고 공정표 작성에 임하는 경우가 많다.

- 공사계약서 내용과 각 조항을 면밀히 검토하고 이를 공정계획시 반영하여야 한다.
- 설계도서를 검토, 숙지 파악한 연후에 이를 공정계획시 반영하여야 한다.

③ 시공계획을 수립하고, 공종별로 특성을 파악한 후에 시공법 도입의 결정, 각 공종 마다 하도급 처리 여부를 파악 결정이 공정표작성 이전에 선행되어야 한다. 각 공종마다 개략적인 일정계획을 해당 프로젝트의 모든 기술진 회의에서 결정한 내용을 종합적으로 공정계획 수립에 반영하여야 한다.

④ 각 공종마다 개략적인 일정계획을 해당 프로젝트의 모든 기술진회의에서 결정한 내용을 종합적으로 공정계획 수립에 반영하여야 한다.

⑤ 공정계획 수립시에 반드시 검토, 반영하지 않으면 공사일정에 차질을 주는 불확실한 요소로서, 기후관계, 불의 사고, 인력수급문제, 근로자 파업 새로운 문제 발생, 설계변경사항, 공사집중부하, 자금수급문제, 자재발주 및 반입시기, 공사인허가 사항, 공종별 특성파악에 따른 공기조정가능여부, 근로시간, 일조시간, 공사 위치에 따른 특성파악, 민속절 및 공휴일 등을 고려하면서 스케줄 작성은 하여야 한다.

4. 발주자의 공정관리 요구도가 낮다.

① 발주자와 시공자의 감독 양측 모두가 공정관리가 선행됨으로써 공사의 경제성 추구나 양질의 공사가 이루어질 수 있다고 하는 이해도가 낮을 뿐만 아니라 관리능력 또한 부족하다.

② 발주자의 개념은 직접적으로 공사비에 투자되는 자금이 아니라 공정관리를 하게 되면 간접적인 업무행위로 보고 자금의 낭비 또는 손실로 간주하는 경우이다.

3 조사 분석 후의 종합적 의견

설문과 실태조사에서와 같이 네트워크식 공정관리의 활성화를 위하여 오늘날까지도 지속적으로 이 분야에 대하여 많은 노력을 기울였고, 다양한 이론과 방법을 추구하여 왔음에 도불구하고, 현장실무에서 네트워크식 공정관리를 아직도 뿌리내리지 못하고 있는 실정이라고 말할 수 있다. 그 원인은 첫째, 발주자 측이나 시공자 측이나 공정관리를 해봐야겠다는 의욕 그 자체가 결여되어 있으며, 그나마 공정관리를 아직도 뿌리내리지 못하고 있는 실정이라고 말 할 수 있다. 그 원인은 첫째, 발주자 측이나 시공자 측이나 공정관리를 해봐야겠다는 의욕 그 자체가 결여되어 있으며, 그나마 공정관리를 하면 좋은 결과를 얻을 수 있다는 것을 일반적으로 알고 있으나 이를 해블 수 있도록 이해 능력을 키울 수 있는 실무 차원적 교육에 중점을 두고 지속적인 교육과 이것을 뒷받칭하는 교육 투자비를 등한시하여 체계적인 관리능력을 키우지 못하였으며, 제도적인 면에서 시공업체가 자발적으로 관리해보겠다는 의식구조가 성숙치 못한 것에도 비 활성화에 큰 요인이기도 한 것이다.

둘째, 시공자는 발주자의 요구 또는 계약서 조항에 의거하여 착공 당시부터 공정관리를 해보고자 하고는 있으나 관리체계화 기술행정 등의 제반 요소가 여러 면에서 결여되어 있어 일단의 행정적 요식 행위에 그치고 있는 실정이다. 그나마 공정관리를 하지 않아도 답답해 하지 않는다는 점이 크게 우려되며, 비 활성화 요인에 큰 물을 차지하는 것이다. 셋째, 대학교육이나 그 외 교육기관, 연구소 등 공정관리 분야를 가장 잘 터득하고 있는 곳에서 지금까지도 공정관리의 교과서적인 이론과 간단한 시물레이션정도만 보여주고 제시함으로써 공정관리란 이론상으로만 가능한 것이라는 인식만을 심어주게 되었다. 이러한 원인과 구조가 발전 요소에 지장을 초래하기도 한다.

4 결 론

상기 서술한 바와 같이 공정관리의 비활성화 요인에 대하여 분석되고 개선 안이 제시되었지만 단시일 내에 실용화 및 활성화가 되기는 어려운 실정이다.

근본적으로, 실무자들의 교육강화, 제도개선, 실무 적용할 수 있는 산학협동 교육 프로그램의 개발 보급이 장단기적으로 이루어져야만 실용화 방안에 시금석이 된다고 판단된다.

첫째, 산학협동 체계가 잘 이루어져 하나의 프로젝트를 함께 참여하여 공정관리를 수행함으로서 현실성 있는 실무차원의 공정관리를 확립할 수 있다.

둘째, 현 실무자들의 Bar chart 기법에 의한 공정관리를 선호하고 있는 실태로서, Bar chart 기법을 배제하지 말고 Bar chart를 CPM 네트워크로 구성하는 기법을 터득토록 교육하는 것이 선행된 연후에, 구성된 CPM 네트워크를 가지고 컴퓨터에 입출력하여 관리하는 수단을 점차적으로 강구하여야 한다.

셋째, Bar chart로 작성되거나 CPM으로 작성되거나 한 사람이 둘 모두 공정표를 작성하면 계획과정과 공정내용은 같을 수밖에 엄다. 따라서 CPM 네트워크 식의 공정관리를 하게되면 공사관리 시에 무엇이 유리한가를 주입시켜야 하며 공정표 작성에 가장 기본적인 계획 요소는 앞의 D-5의 3을 참조하여 스제줄 작성에 임하여 야 한다.

넷째, 무엇보다도 공정관리의 기본교육 또한 현실성 있는 현장에서 이루어져야 되고, 이에 따른 모든 실무교육과 행정에 충분한 투자비가 소요되지만, 합리적이고 현실적인 경영을 위하여 최우선적으로 마련되어야 하겠다.

CPM공정관리

2016년 4월 25일 1판 1쇄 인쇄
2016년 4월 30일 1판 1쇄 발행

저 자 배 강 희
발 행 인 강 해 작
발 행 처 기 문 당
주 소 서울시 성동구 무학봉28길 4-1
전 화 02) 2295-6171(代)~5
팩 스 02) 2296-8188
출판등록 1976. 10. 7(1-44)
홈페이지 http://기문당
www.kimoondang.com
I S B N 978-89-6225-721-2 93540

정 가 15,000원

이 도서의 국립중앙도서관 출판시도서목록(CIP)은 서지정보유통지원시스템 홈페이지(http://seoji.nl.go.kr)와 국가자료공동목록시스템(http://www.nl.go.kr/kolisnet)에서 이용하실 수 있습니다.(CIP제어번호: CIP2016010277)